高水平地方应用型大学建设系列教材

水处理系统运行与控制
综合训练指导

赵晓丹　王　啸　吴春华　编著

北　京
冶 金 工 业 出 版 社
2022

内 容 提 要

本书是水处理系统设备运行与控制课程的综合训练指导书，主要内容包括水处理系统介绍、水处理技术基础、水处理系统设备运行与操作、水处理系统综合训练、自动控制系统、PLC 控制系统、水处理控制系统硬件和软件等。

本书可作为高等学校工业水处理相关专业的实践教学用书，也可供给排水工程、水务工程、环境工程等专业师生或现场技术人员参考。

图书在版编目（CIP）数据

水处理系统运行与控制综合训练指导/赵晓丹，王啸，吴春华编著 . —北京：冶金工业出版社，2022.1
高水平地方应用型大学建设系列教材
ISBN 978-7-5024-8973-1

Ⅰ.①水… Ⅱ.①赵… ②王… ③吴… Ⅲ.①工业用水—水处理—高等学校—教材 Ⅳ.①TQ085

中国版本图书馆 CIP 数据核字（2021）第 242958 号

水处理系统运行与控制综合训练指导

出版发行	冶金工业出版社	电　话	(010)64027926
地　址	北京市东城区嵩祝院北巷 39 号	邮　编	100009
网　址	www.mip1953.com	电子信箱	service@ mip1953.com

责任编辑　杜婷婷　程志宏　美术编辑　吕欣童　版式设计　郑小利
责任校对　梁江凤　责任印制　李玉山
三河市双峰印刷装订有限公司印刷
2022 年 1 月第 1 版，2022 年 1 月第 1 次印刷
710mm×1000mm　1/16；7.25 印张；141 千字；104 页
定价 35.00 元

投稿电话　(010)64027932　投稿信箱　tougao@cnmip.com.cn
营销中心电话　(010)64044283
冶金工业出版社天猫旗舰店　yjgycbs.tmall.com
（本书如有印装质量问题，本社营销中心负责退换）

《高水平地方应用型大学建设系列教材》序

应用型大学教育是高等教育结构中的重要组成部分。高水平地方应用型高校在培养复合型人才、服务地方经济发展以及为现代产业体系提供高素质应用型人才方面越来越显现出不可替代的作用。2019 年，上海电力大学获批上海市首个高水平地方应用型高校建设试点单位，为学校以能源电力为特色，着力发展清洁安全发电、智能电网和智慧能源管理三大学科，打造专业品牌，增强科研层级，提升专业水平和服务能力提出了更高的要求和发展的动力。清洁安全发电学科汇聚化学工程与工艺、材料科学与工程、材料化学、环境工程、应用化学、新能源科学与工程、能源与动力工程等专业，力求培养出具有创新意识、创新性思维和创新能力的高水平应用型建设者，为煤清洁燃烧和高效利用、水质安全与控制、环境保护、设备安全、新能源开发、储能系统、分布式能源系统等产业，输出合格应用型优秀人才，支撑国家和地方先进电力事业的发展。

教材建设是搞好应用型特色高校建设非常重要的方面。以往应用型大学的本科教学主要使用普通高等教育教学用书，实践证明并不适应在应用型高校教学使用。由于密切结合行业特色及新的生产工艺以及与先进教学实验设备相适应且实践性强的教材稀缺，迫切需要教材改革和创新。编写应用性和实践性强及有行业特色教材，是提高应用型人才培养质量的重要保障。国外一些教育发达国家的基础课教材涉及内容广、应用性强，确实值得我国应用型高校教材编写出版借鉴和参考。

为此，上海电力大学和冶金工业出版社合作共同组织了高水平地方应用型大学建设系列教材的编写，包括课程设计、实践与实习指导、实验指导等各类型的教学用书，首批出版教材18种。教材的编写将遵循应用型高校教学特色、学以致用、实践教学的原则，既保证教学内容的完整性、基础性，又强调其应用性，突出产教融合，将教学和学生专业知识和素质能力提升相结合。

本系列教材的出版发行，对于我校高水平地方应用型大学的建设、高素质应用型人才培养具有十分重要的现实意义，也将为教育综合改革提供示范素材。

上海电力大学校长　李和兴

2020 年 4 月

前　　言

近年来，随着全球水污染问题日益严峻，水处理技术的研究与应用备受重视，并且取得了跨越式的发展，尤其是膜分离技术，具有工艺简单、操作方便、易于自动化、产水水质稳定等优点，已广泛应用于纯水制备、超纯水制备、海水淡化、废水处理、污水回用等水处理领域。

实践教学是培养工程技术人才的重要环节，随着工程教育理念的提出，综合训练和工程实践在高等学校的人才培养方案中占据重要地位。本书作为实践教学指导教材，涵盖了传统水处理设备、膜分离装置及水处理系统自动控制硬件和软件等内容，旨在培养学生的操作能力、工程应用能力和解决复杂工程问题的能力。

本书是水处理系统运行与控制课程的综合训练指导教材，所介绍的超纯水制备系统工艺流程，不同于常规工业纯水或超纯水制备系统，主要是为了满足实践教学需求而设计，包括预处理+离子交换工艺、全膜水处理工艺等多种组合工艺。第1章介绍了超纯水制备系统工艺流程。第2章主要介绍了微滤、超滤、纳滤、反渗透、电渗析和电除盐的基本原理、性能参数和运行维护，此外，还介绍了传统水处理装置活性炭过滤器和离子交换器的基本原理。第3章详细介绍了超纯水制备系统中各个设备、阀门、管道的连接，以及系统自动和手动运行、停运、清洗等操作流程。第4章介绍了综合训练项目及其具体要求。第5~8章介绍了自动化及水处理控制的基本原理和概念，并针对水处理工艺，一步步介绍控制怎么做、硬件和软件需要掌握哪些知识，便于化学、化工、热工专业人员学习自动控制原理和操作方法。

本书第1、3、4章由赵晓丹编写，第2章由吴春华编写，第5~8

章由王啸编写。全书由赵晓丹统稿。

在本书编写过程中，上海电力大学丁桓如教授对本书进行了审阅，并提出了宝贵意见，在此谨表示衷心感谢。

由于编著者水平所限，书中不妥之处，恳请读者批评指正。

编著者
2021 年 8 月

目　录

 # 水处理系统介绍

1.1　超纯水制备系统工艺流程

本书介绍的超纯水制备系统以一般自来水水质（上海地区）为设计基础，原水水质主要指标见表 1-1，系统出水达到超纯水二级标准（GB/T 1146.1—1997），超纯水水质主要指标见表 1-2。

表 1-1　原水水质主要指标

项目	浊度/NTU	色度	pH 值	总硬度（以 $CaCO_3$ 计）/mg·L^{-1}	电导率/μS·cm^{-1}	余氯含量/mg·L^{-1}
原水水质	1~5	1	6.8~7.5	100~200	300~600	1~3

表 1-2　超纯水水质主要指标

项目	电阻率/MΩ·cm	SiO_2含量/μg·L^{-1}	钠含量/μg·L^{-1}	总有机碳含量/μg·L^{-1}
系统出水水质	13~15	2~10	0.5~2	20~100

与常规工业纯水（超纯水）制备系统不同，本超纯水制备工艺包括 4 个组成部分，分别是前处理系统、预脱盐系统、一级除盐系统、二级除盐系统，其中，除盐系统均由不同类型的系统串联、并联、交叉组成不同的超纯水制备系统，可采用全膜处理工艺运行，也可采用膜处理+传统离子交换工艺，以满足实践教学需求。前处理系统和预脱盐系统工艺流程如图 1-1 所示，前处理系统包括原水箱、原水泵、50μm 袋式过滤器、10μm 袋式过滤器、超滤系统、超滤水箱、RO 送水泵、活性炭过滤器以及管道阀门配件等，原水箱与城市自来水管相接，活性炭过滤器出水直接进入预脱盐系统。预脱盐系统由两套并联系统组成，分别是一级反渗透系统和纳滤+电渗析系统，系统出水均输送至预脱盐水箱，系统所产浓水排放。活性炭过滤器出水经保安过滤器过滤后，可通过手动阀门选择预脱盐系统，一级反渗透系统前设有加药系统和一级反渗透高压泵，纳滤系统前设有纳滤增压泵。

一级除盐和二级除盐系统工艺流程如图 1-2 所示。预脱盐水箱出水经预脱盐

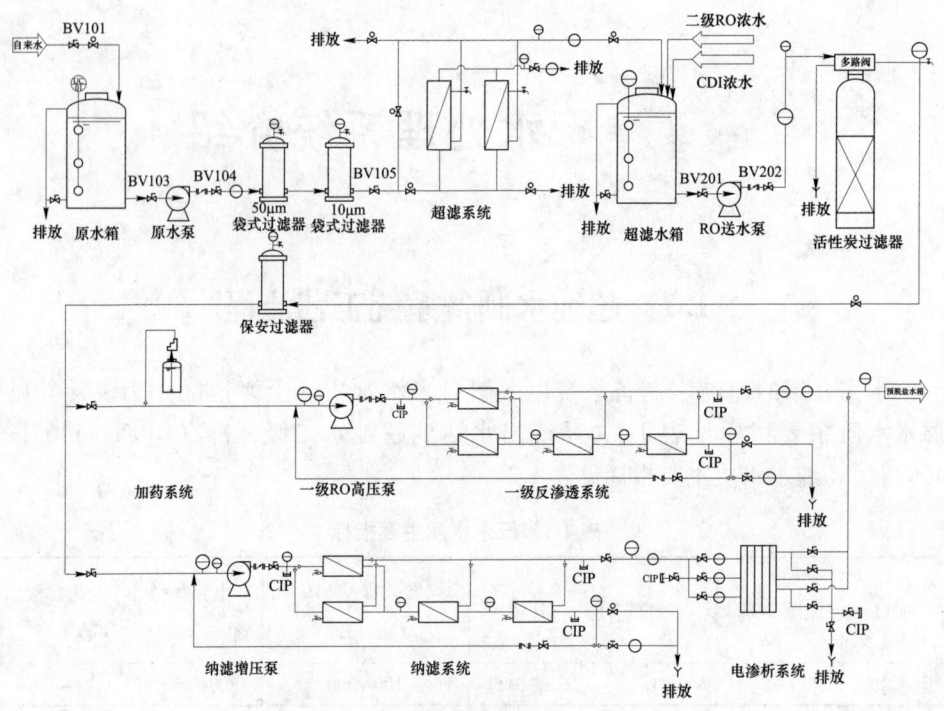

图 1-1　前处理与预脱盐系统工艺流程

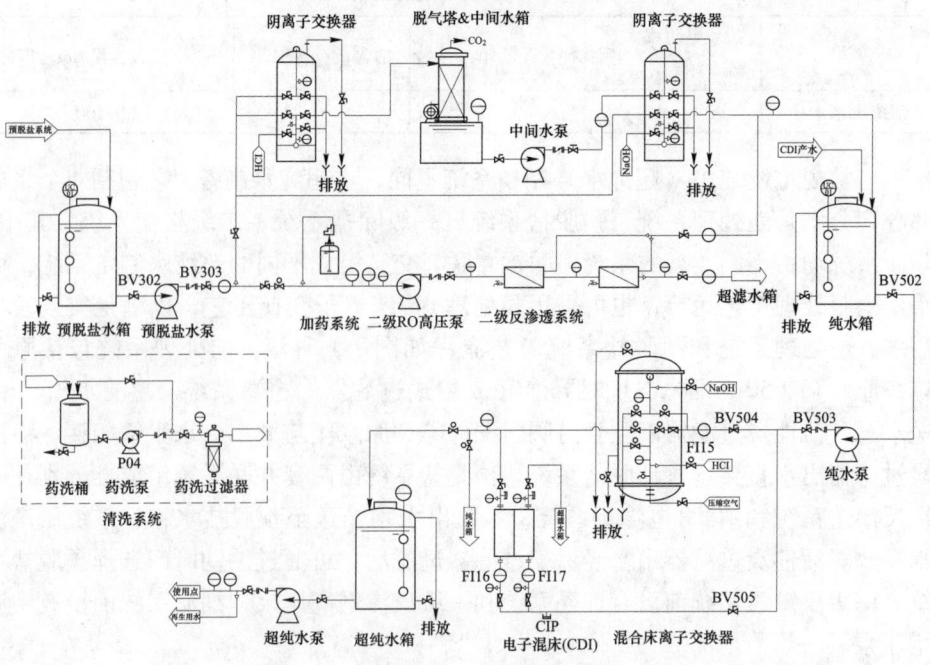

图 1-2　一级除盐和二级除盐系统工艺流程

水泵后进入一级除盐系统，一级除盐系统出水均进入纯水箱。一级除盐系统由两套并联系统构成，一套是二级反渗透系统，包含加药系统和反渗透装置，二级反渗透装置淡水作为系统出水进入纯水箱，浓水回流至超滤水箱；另一套是离子交换除盐系统，包括阳离子交换器、脱气塔、中间水箱、阴离子交换器，阴离子交换器出水进入纯水箱。纯水箱出水经纯水泵后进入二级除盐系统，二级除盐系统由两套并联系统构成，电子混床（CDI）和混合床离子交换器，CDI淡水和混合床离子交换器出水若达到超纯水标准则输送至超纯水箱，否则回流至纯水箱，CDI浓水回流至超滤水箱。超纯水箱出水可作为实验用去离子水使用，也可以作为离子交换树脂再生用水。

1.2　全膜法水处理工艺

膜分离技术是在20世纪60年代后迅速崛起的一门新兴分离技术。膜分离通常是一个高效分离过程，该技术是利用特殊材料制成的具有选择透过性能的薄膜，在外力推动下对混合物进行分离、提纯、浓缩的一种分离方法。这种推动力可以分为两类：一类是借助外界能量，物质发生由低位向高位的流动，如压力差、电位差；另一类是以化学位差为推动力，物质发生由高位向低位的流动，如浓度差、分压差。由于薄膜具有选择透过的特性，即有的物质可以通过、有的被截留，从而实现分离的目的。目前，膜分离技术已广泛应用于水处理、医药、化工、食品等领域。其中，水处理领域主要使用的膜分离技术有微滤（MF）、超滤（UF）、纳滤（NF）、反渗透（RO）、电渗析（ED）和电除盐（EDI）等。

近几年，国家对环境保护方面的要求越来越高，作为一种新型的流体分离单元操作技术，以高分子分离膜为代表的膜分离技术，在我国受到了越来越多的重视，尤其是EDI更是水处理技术的重大进展之一，它不但产水质量高、运行稳定，而且使火力发电厂制取除盐水彻底摆脱了因使用化学再生药剂所引起的费用、空间、环保等问题。全膜法水处理就是指以膜法处理取代传统的砂滤和离子交换工艺，整个系统均采用膜法处理工艺，将超滤、微滤、反渗透、EDI等不同的膜工艺有机地组合在一起，达到高效去除污染物以及深度脱盐目的的一种水处理工艺。随着水处理技术的不断发展，全膜法水处理工艺日趋成熟，膜元件产品价格不断下降，由于其无需酸碱再生、操作简单、连续制水、出水水质稳定，全膜法水处理工艺越来越多地应用于电力企业和电子行业的超纯水制备。

微滤、超滤、纳滤和反渗透这四类膜过程以压力差作为推动力，它们的操作压力依次增加，膜的孔径和分离范围如图1-3所示。电渗析和电除盐以电位差为推动力，利用离子交换膜的选择透过性达到分离目的。这些膜法液体分离技术已广泛应用于饮用水、工业用水、锅炉补给水、超纯水、海水淡化等净水处理领域。

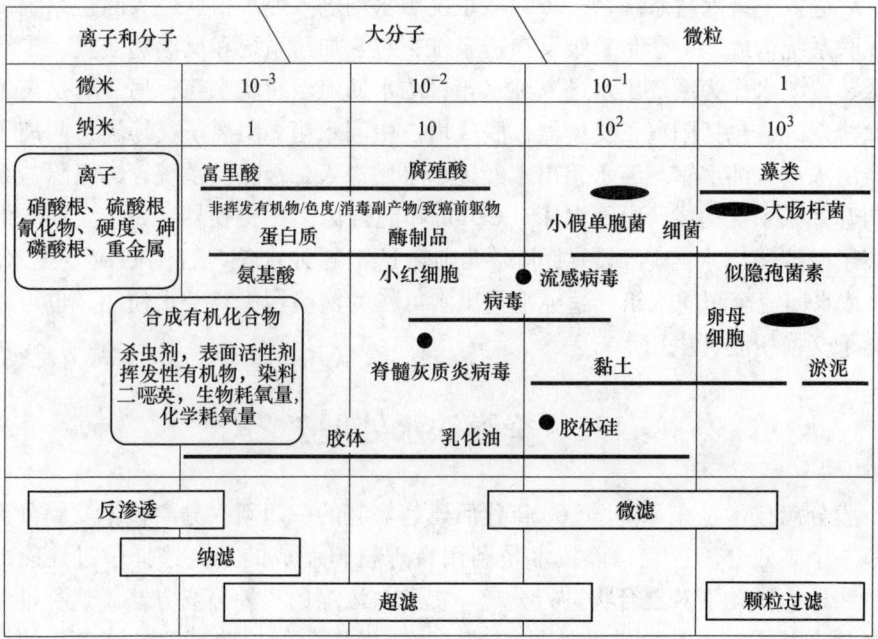

离子和分子		大分子		微粒
微米	10^{-3}	10^{-2}	10^{-1}	1
纳米	1	10	10^2	10^3

图 1-3　膜分离技术分类

2 水处理技术基础

2.1 微　滤

2.1.1 微滤技术概况

微滤（MF）是以压力为推动力，利用筛网状过滤介质膜的"筛分"作用进行分离的膜过程。微滤膜的有效孔径范围是 $0.1\sim10\mu m$，具有均匀的多孔结构，孔隙率一般高达 80%，操作压力为 $0.1\sim0.3MPa$。微滤膜截留的微粒在 $0.03\sim15\mu m$，主要包括细菌、悬浮固体、胶体物质、微生物等，已广泛应用于化工、食品、医药、水处理等行业的固-液和固-气分离。在水处理领域的应用中也常作为超滤、纳滤、反渗透等的前处理。

2.1.2 微滤的分离机理

根据微粒在微滤膜中的截留位置，可分为表面截留和内部截留（见图 2-1），微滤膜的截留机理包括以下几种。

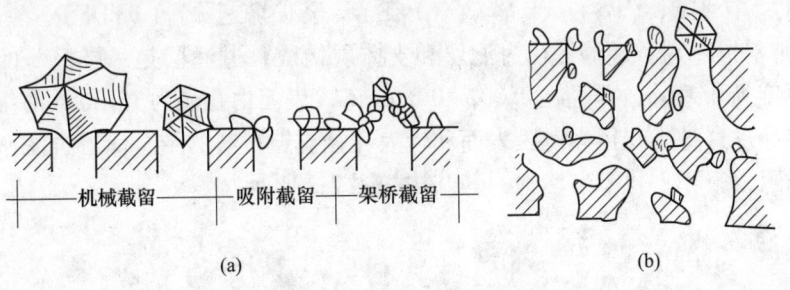

图 2-1　微滤膜各种截留作用示意图

（a）膜的表面层截留；（b）膜内部的网络截留

（1）筛分截留：膜截留比它孔径大或与孔径相当的微粒等杂质，即机械筛分。

（2）吸附截留：尺寸小于膜孔径的微粒通过物理化学吸附而被截留。

（3）架桥截留：微粒在膜孔入口处因架桥作用不能进入膜孔而被截留。

（4）网络截留：在膜内部，由于膜孔的曲折，导致比其孔径小的微粒被截留。

（5）静电截留：悬浮液中带电颗粒，可被带相反电荷、大孔径的微滤膜截留。

2.2 超　滤

近30年来，超滤技术的发展极为迅速，已在饮用水制备、海水淡化、工业废水回用以及城市污水处理等水处理领域有着广泛的应用。目前，我国及欧美许多国家对超滤技术应用于地表水处理开展了广泛的研究。在湖泊水库的超滤实验中，超滤能有效地将病毒微生物去除，不需要大剂量的消毒剂，处理效果稳定，能满足饮用水标准。此外，超滤膜对进料浓度的波动不太敏感，在相同条件下，其在湖泊、水库水处理中的应用中，对浊度、病原体微生物等的去除效果，均优于传统的水处理工艺。随着经济社会发展，大规模地表水处理工程将越来越多，为超滤膜技术开辟了广阔的市场空间。

2.2.1　超滤基本原理

2.2.1.1　超滤膜概述

超滤膜孔径范围为 1~50nm，操作压力在 0.1~1.0MPa，主要用于从溶液中分离悬浮颗粒（粒径大于 0.002~0.1μm）、胶体、蛋白质、微生物和大分子物质等，可截留分子质量范围为 1000~100000u（1u=1Da），溶解固体和小分子物质可以透过膜。超滤膜一般是由聚合材料制备而成，具有非对称的微孔结构，常用聚合材料有聚砜（PS）、聚醚砜（PES）、聚偏氟乙烯（PVDF）、聚丙烯腈（PAN）等。不对称超滤膜由过滤层和支撑层构成，过滤层是一层极薄的光滑表面，厚度为 0.1μm，孔径在 0.002~0.1μm，该表面由孔径为 15μm 的海绵体支撑结构支撑。这种小孔径光滑膜表面和较大孔径支撑材料的结合使得过滤微小颗粒的流动阻力很小，且不易堵塞，其结构如图 2-2 所示。

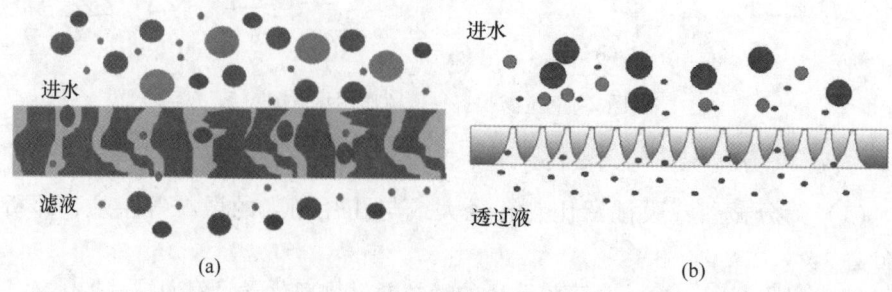

图 2-2　超滤膜结构

（a）传统过滤膜多为对称多孔结构；（b）不对称 UF 膜结构

2.2.1.2　超滤膜分离机理

在压力作用下，水从高压侧透过膜到低压侧，水中大分子及微粒组分被膜阻挡，水逐渐浓缩而后以浓缩液排出。被拦截组分粒径既有大于超滤膜孔径的，也包括小于孔径的溶质分子，说明膜的孔径大小和膜的表面化学特性等因素，分别起着不同的截留作用。超滤的分离机理以筛分作用为主，但同时又受到粒子荷电性及荷电膜相互作用的影响。因此，实际上超滤膜对溶质的分离过程主要有：在膜表面及微孔内吸附（一次吸附），在孔中停留而被去除（阻塞），在膜面的机械截留（筛分）。

当然，理想的超滤筛分应尽力避免溶质在膜面和膜孔上的吸附和阻塞，所以超滤膜的选择除了要有适当的孔径外，必须选用与被分离溶质之间作用力弱的膜材质。

2.2.1.3　超滤膜组件

超滤膜组件从结构单元上可分为管状膜组件（管式、毛细管式、中空纤维式）及板式膜组件（平板式、卷式）两大类。目前超滤膜组件以中空纤维组件应用最为广泛，中空纤维实际是很细的管状膜，中空纤维组件则是用几千甚至上万根中空纤维膜捆扎而成，有外压式和内压式两种，具有填装密度高、通道无死点、通量高、易于反洗等优点。超滤装置采用错流（切向流）模式运行时，要过滤的液体沿膜表面流动。这样在中空纤维的内壁上形成流体剪切的条件，从而使得污染物较难在膜表面富集。中空纤维超滤膜净化水原理如图 2-3 所示。

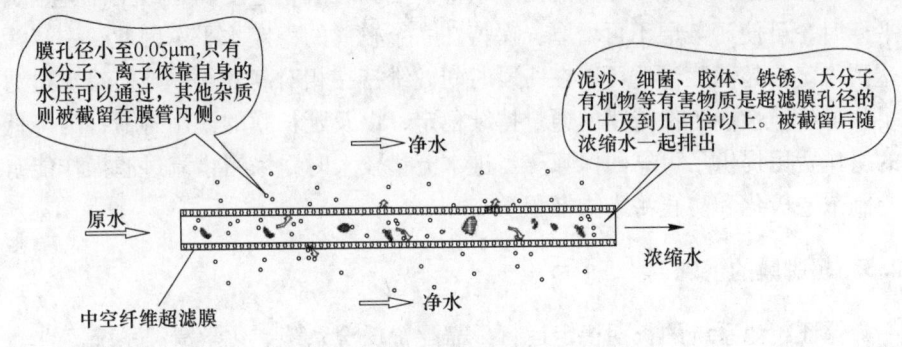

图 2-3　中空纤维超滤膜净化水原理

2.2.2　超滤操作模式

水处理系统中超滤的操作模式分为两种：死端过滤和错流过滤。死端过滤也称全流量过滤，如图 2-4（a）所示，进水在压力驱动下，水分子和小于膜孔的溶质全部透过超滤膜，大于膜孔的颗粒被截留，没有浓缩液流出，被截留的颗粒通常堆积在膜表面上。在死端过滤操作中，随着运行时间的增加，膜表面截留颗粒不断增加，在膜表面形成污染层，且污染层会不断增厚和压实，造成过滤阻力不断增大。在操作压力不变的情况下，产水量下降，在恒通量条件下，则会引起膜两侧压差升高，此时需要停下来清洗膜表面的污染层或者更换膜。当进水中悬浮物和胶体含量较低时（SS<5mg/L，浊度<5NTU），为了降低能耗，通常采用死端过滤，这种模式通常需要定期快冲和反冲来维持系统出力，当污染物积累到一定程度，就需要采用化学清洗来进行处理，或者更换膜。

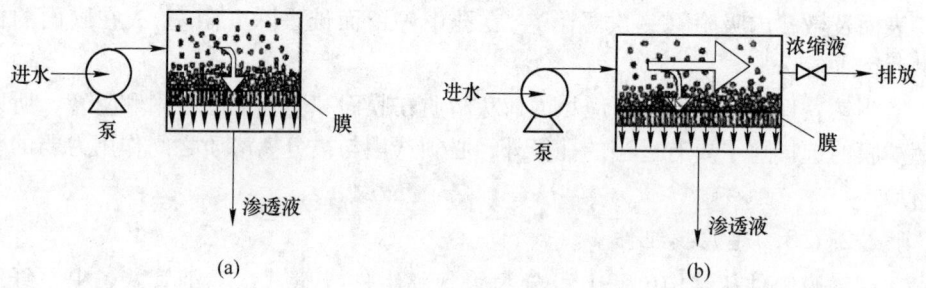

图 2-4   死端过滤和错流过滤示意图
（a）死端过滤；（b）错流过滤

错流过滤如图 2-4（b）所示，进水以切线方向流过膜表面，有一部分的浓缩液从超滤膜的另一端排放，在压力作用下，被膜截留的颗粒也会在膜表面形成污染层，与死端过滤不同，进水流经膜面时产生的剪切力可使膜表面的沉积颗粒扩散返回主流体，并随浓缩液流出膜组件。当颗粒沉积速度和返回主流体速度达到平衡时，可使污染层不再增厚，保持在一个较薄的稳定水平。因此，一旦污染层达到稳定，超滤膜渗透可以在一段时间内维持在相对高的水平上。错流过滤提高了膜的过滤性能，保持膜的通量持续稳定，以及延长膜的使用寿命，为降低用户的操作费用提供了可靠的保障。当进水流量较大时，采用错流过滤操作能有效地控制浓差极化和防止污染物堆积。

2.2.3   超滤膜的清洗

为保证超滤系统的长期稳定运行，需配置反洗系统、化学清洗系统。

2.2.3.1   日常清洗

日常清洗主要步骤如图 2-5 所示。

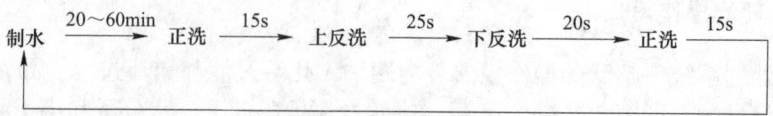

图 2-5   日常清洗流程

正洗排水完毕之后进行第一步反洗，即上反洗，如图 2-6 所示。反洗水从膜组件上部产水口进入膜丝内部，从与运行产水相反的方向透过膜丝，反洗废水在膜丝外部汇集，打开反洗上排放阀，使反洗废水从膜组件顶部浓水口排出。上反洗步骤能首先清洗膜组件污染最严重的上端区域。

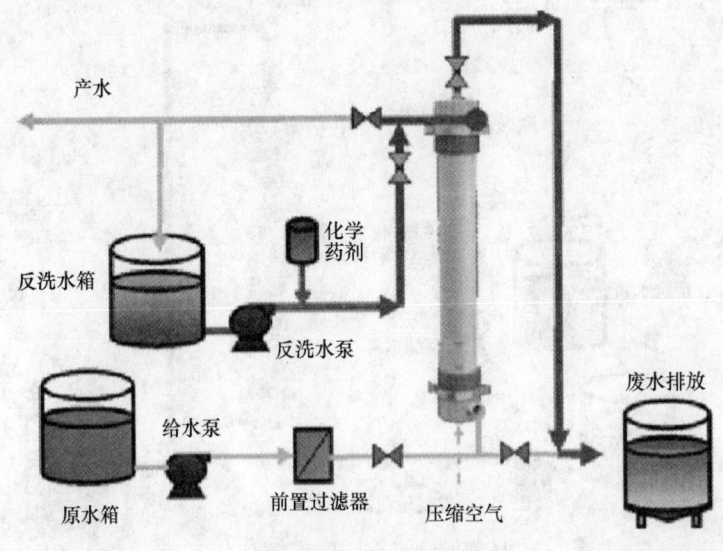

图 2-6　上反洗

第二步反洗，即下反洗步骤，如图 2-7 所示，去除膜组件下端区域的污染物。保持反洗水从膜组件上部产水口进入，打开反洗下排放阀，使反洗废水从膜组件下部进水口排出，可有效去除下端的污染物。

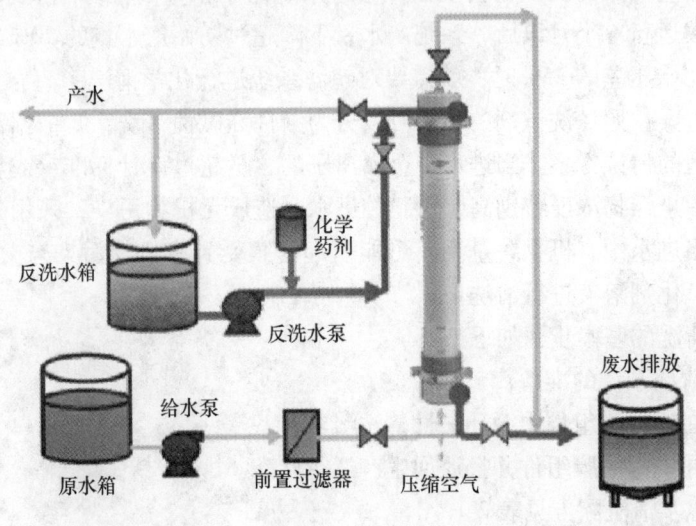

图 2-7　下反洗

　　在反洗结束后，需进行正洗以去除残留的污染物和化学药品，并排除聚集在膜组件内部的空气，如图 2-8 所示。完成正洗后，超滤系统即可重新投入到过滤运行状态或者备用状态。

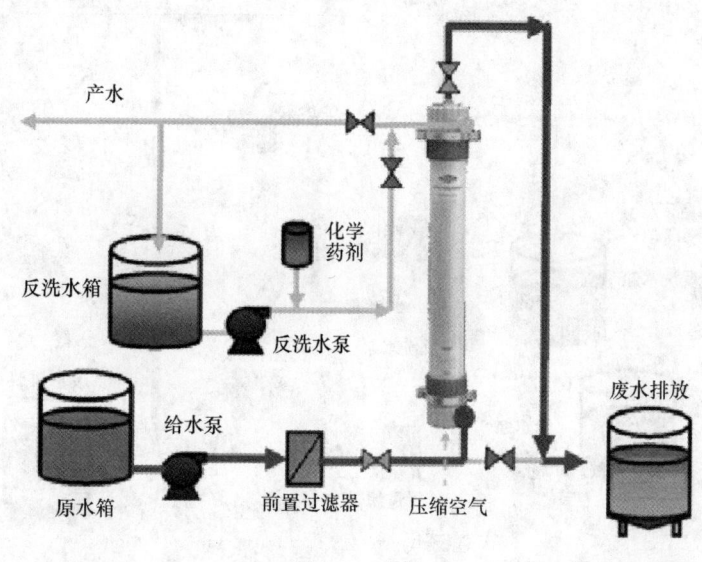

图 2-8　正洗

2.2.3.2　化学清洗

　　超滤系统运行过程中，进水中的胶体颗粒、微生物和大分子有机物被截留在膜管内，这些污染物沉积在膜表面，导致系统的产水量的下降和产水水质劣化，当系统连续运行 6 个月以后，系统产水量下降超过初始产水量的 20% 或跨膜压差增加超过初始压差的 25% 时，就需要对超滤系统进行化学清洗。

　　清洗方案按照清洗试剂的不同可以分为酸性和碱性清洗，要根据污染物的类型选择合适的清洗方案。当进水中金属离子的含量超过设计标准，或者超滤膜组件的进水中悬浮物浓度特别高，对膜的进水侧造成无机物污染，采用酸性溶液进行清洗。当进水中有机物含量高，可能引起滤膜受到有机物污染与微生物污染，采用碱性氧化剂溶液进行清洗。

　　化学清洗的基本步骤如下：

　　（1）清洗系统的准备；

　　（2）在超滤膜组件中循环酸性清洗溶液；

　　（3）冲洗超滤膜组件并且返回生产运行状态。

　　常见化学清洗配方见表 2-1。

表 2-1　不同污染物与化学清洗配方对照表

污染物类型	常见污染物质	化学清洗配方
有机物	脂肪、腐殖酸、有机胶体等	pH＝12 的氢氧化钠溶液
	油脂及其他难洗净的有机污染物	0.1%～0.5%的十二烷基硫酸钠等
	蛋白质、淀粉、油、多糖等	0.5%～1.5%的蛋白酶、淀粉酶等
微生物	细菌、病毒等	1%左右的过氧化氢或 50mg/L 的次氯酸钠溶液

2.3　反　渗　透

反渗透膜分离技术（简称 RO 技术）是一种新型的水处理技术，是目前最微细的过滤系统，RO 膜可阻挡所有溶质、无机分子以及分子量大于 100u 的有机物，水分子可透过 RO 膜。

1748 年法国学者阿贝·诺伦特（Abble Nellet）发现水能自然地扩散到装有酒精溶液的猪膀胱内，首次揭示膜渗透现象。1960 年洛布（Loeb）和索里拉金（Sourirajian）成功研制出第一张高通量、高脱盐率的醋酸纤维素（CA）膜，开启了反渗透的工程应用。20 世纪 60 年代末期，随着反渗透螺旋卷式膜组件和中空纤维膜组件的开发，反渗透技术进入迅速发展阶段。目前，反渗透脱盐率已达 99%以上，广泛用于海水淡化、饮用水净化以及工业纯水制备。

2.3.1　反渗透基本原理

半透膜是一种只透过溶剂（水）而不透过溶质的膜，将半透膜置于两种不同浓度溶液的中间，水会自然地从稀溶液（纯水）侧通过半透膜进入较浓的溶液中，这种现象称之为渗透现象，如图 2-9（a）所示。随着水不断从纯水侧渗透进入浓溶液侧，浓溶液的浓度下降，液位上升，纯水侧液位下降，直到达到渗透平衡，此时液位差等于渗透压差，如图 2-9（b）所示。反渗透过程是自然渗透的逆过程，必须在浓溶液侧施加压力以克服自然渗透压，从而使水从浓溶液侧通过半透膜进入纯水侧，如图 2-9（c）所示。因此，反渗透过程可以实现水与溶解盐类等杂质的分离，起到除盐净化的作用。

目前工业应用的反渗透膜多为复合膜，由聚酯无纺布衬托层、聚砜超滤支撑层及芳香聚酰胺反渗透分离层等构成的三层结构，其中无纺布厚度约 120μm，超滤层厚度为 40μm，反渗透膜厚度为 0.2μm。

反渗透的工业用膜元件有板式、中空纤维式、管式、螺旋卷式，其中卷式膜是目前反渗透主要膜元件。卷式膜组件是由双层膜卷绕而成，在双层膜中间有多孔支撑材料，三个边缘密封，形成膜袋（回收渗透的淡水），膜袋开口与多孔中

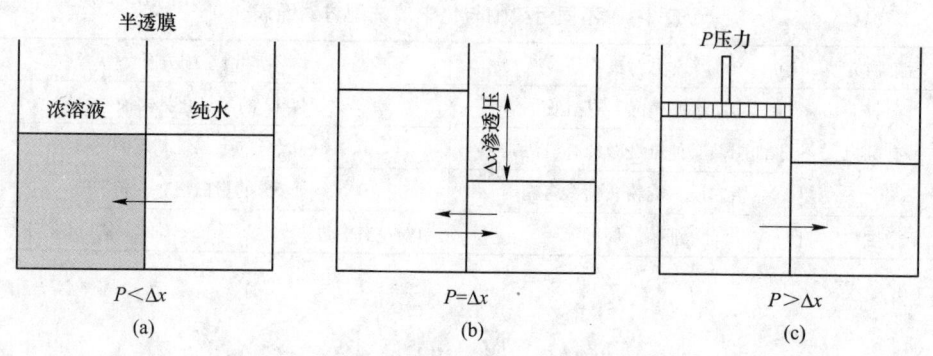

图 2-9　反渗透原理图

（a）渗透；（b）渗透平衡；（c）反渗透

心管［见图 2-10（a）］相连。在两个膜袋之间铺上分隔网（盐水隔网），多层材料（膜+多孔支撑材料+膜+进水隔网）沿着中心管缠绕［见图 2-10（b）］，形成卷式反渗透组件［见图 2-10（c）］。

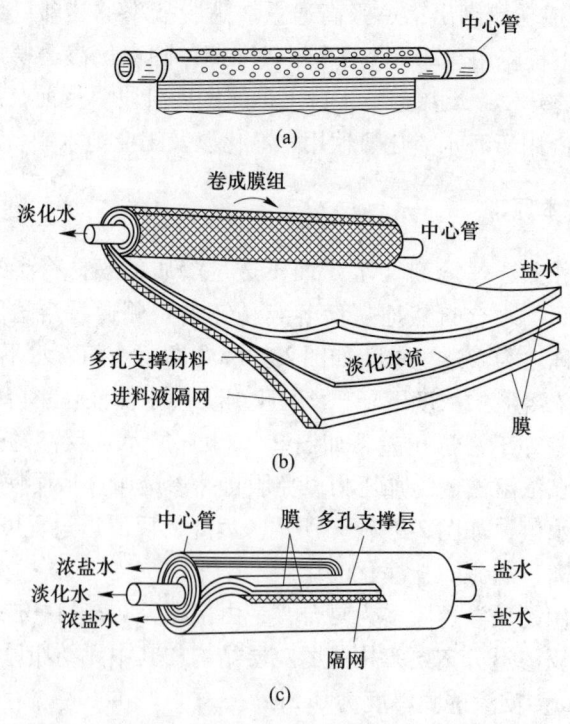

图 2-10　卷式反渗透组件

（a）多孔中心管；（b）螺旋式卷绕；（c）螺旋式膜组件

2.3.2　反渗透系统典型工艺

　　水处理系统中反渗透通常由预处理系统、反渗透装置本体及后处理系统三部分组成。预处理系统主要包括去除浊度、阻垢、灭菌以及 pH 值和温度调整等，以达到反渗透进水水质要求。后处理系统主要是通过调节 pH 值以及深度除盐，使产水达到超纯水标准。反渗透装置本体部分包括保安过滤器、高压泵、反渗透装置和有关仪表控制设备。保安过滤器用于去除粒径大于 $5\mu m$ 的杂质，保障反渗透装置的安全运行和高效脱盐性能。保安过滤器出水经过高压泵加压，在压力的作用下，到达反渗透除盐装置。进入反渗透压力容器膜元件内的水分子或微量的离子及小分子物质会通过膜的超薄分离层进入透过液（淡水）中，淡水经收集管进入输送管，再进入下一步处理工序；被膜组件隔离的大分子物质以及盐类污染物经收集后，通过浓水排放管排出系统。同时，还有与之相匹配的控制仪表、阀门，并辅配程控操作系统，以确保系统的长期稳定性。一级反渗透系统工艺流程如图 2-11 所示。

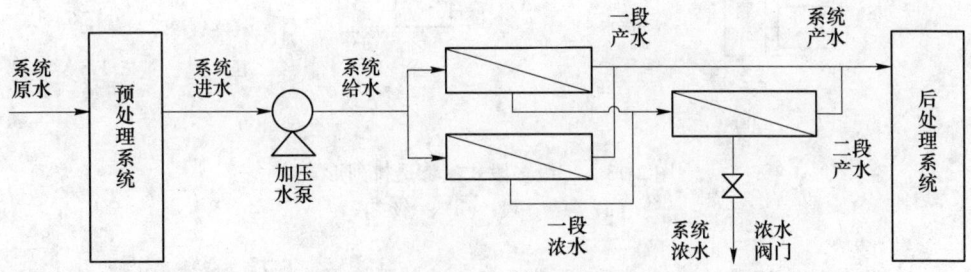

图 2-11　一级反渗透系统工艺流程

　　进水经过一次加压反渗透分离时称为一级，在图 2-11 所示的一级反渗透系统工艺流程中，多支膜元件的串联结构称为膜串，膜串内串联元件数量称为膜串长度，通常将 1~6 个卷式膜组件串联连接，装入压力容器形成反渗透器。进水与中心管平行流动，从另一端浓缩排出，通过膜的淡水（产水）由多孔支撑材料收集，从中心管排出，如图 2-12 所示。

　　长度相等的单个或多个膜串并联时称为膜段，只有一组并联膜串结构时，膜堆结构称为一段，一段浓水再流经膜组件进行分离，称为二段，第二段浓水再作为下一段进水，则称为三段，以此类推。各膜段串联起来构成膜堆，一级多段式反渗透排列形式如图 2-13 所示。各段产水汇集称为反渗透系统产水，一级多段式排列增加了水的回收率，但同时提高了浓水含盐量，也增加了结垢风险，产水水质下降。

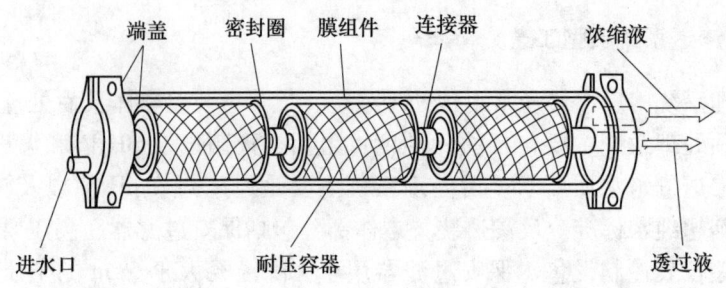

图 2-12 卷式反渗透器

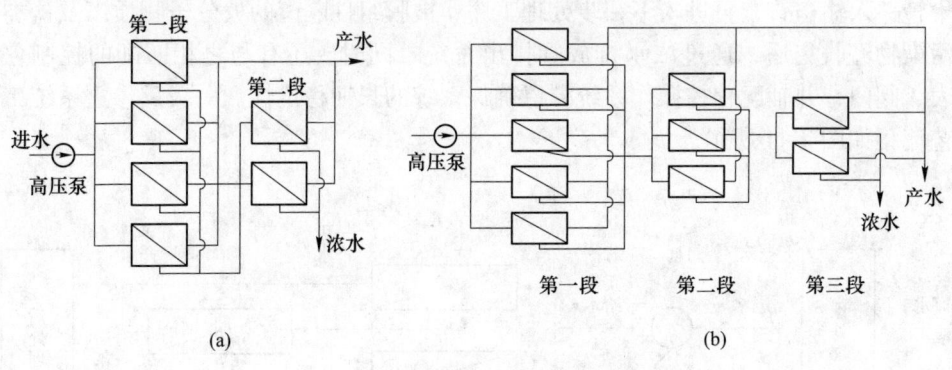

(a)   (b)

图 2-13   一级多段式反渗透排列形式

（a）一级二段；（b）一级三段

在制备纯水工艺中，常常采用多级多段式排列，即一级产水再经过一次加压分离，以此类推，提高回收率的同时，可制备出高纯度淡水，如图 2-14 所示。

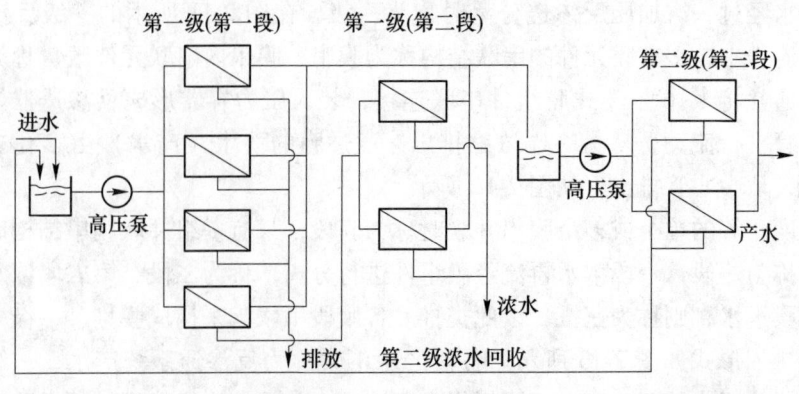

图 2-14   二级三段式反渗透装置

2.3.3 反渗透装置性能参数

2.3.3.1 流量平衡

进水流量等于产水流量和浓水流量之和：

$$Q_{V,f} = Q_{V,p} + Q_{V,b}$$

式中　$Q_{V,f}$——进水流量，m^3/h；

　　　$Q_{V,p}$——产水流量，m^3/h；

　　　$Q_{V,b}$——浓水流量，m^3/h。

2.3.3.2 回收率

回收率是反渗透装置的重要指标之一，以 $Y(\%)$ 表示：

$$Y = \frac{Q_{V,p}}{Q_{V,f}} \times 100\%$$

2.3.3.3 盐平衡

进水含盐量等于产品水和浓水含盐量之和：

$$Q_{V,f}\, c_f = Q_{V,p}\, c_p + Q_{V,b}\, c_b$$

式中　c_f，c_p，c_b——进水、产水、浓水的含盐量，mg/L。

2.3.3.4 脱盐率

脱盐率是反渗透装置另一个重要指标，以 SR（%）表示：

$$SR = \frac{c_f - c_p}{c_f} \times 100\%$$

2.3.3.5 浓缩倍率

在反渗透装置处理水的过程中，进水不断被浓缩，假定各离子透过膜进入产品水的浓度为零，则水的浓缩倍率 CF 可用下式表示：

$$CF = \frac{1}{1 - Y}$$

2.3.3.6 浓水含盐量估算

为了估算浓水的含盐量，计算难溶盐的结垢倾向，可以假定产品水含盐量为零（实际上，在水处理中，一般要求脱盐率在 95% 以上），则由物料平衡公式可得：

$$c_b = c_f \frac{1}{1 - Y}$$

2.3.4 反渗透装置的运行维护

反渗透膜元件的储存和反渗透系统长期停运时，应该用保护液浸泡反渗透膜，防止微生物滋生和膜失水。反渗透装置运行过程中，水中无机盐垢、微生物、胶体颗粒和不溶性的有机物质等污染物会沉积在膜表面，造成膜污染。因此，膜元件每隔 3 个月或者更长时间需要清洗 1 次。如果清洗周期缩短，则表明需要改进预处理工艺或运行工况。

2.3.4.1　膜元件的保存方法

A　短期保护

反渗透系统停止运行 15~30d，需对膜元件进行短期停运保护措施，一般而言，可每隔 1~3d 用进水冲洗反渗透系统 1 次，冲洗过程中无须启动高压泵，待压力容器及相关管路充满水后，关闭阀门。

B　长期保护

反渗透系统停止运行 30d 以上时，压力容器内的膜元件需通过如下操作进行长期保护：

（1）进水冲洗膜元件；

（2）配制一定浓度的杀菌液，冲洗反渗透系统，常用的杀菌剂有过氧化氢、甲醛等；

（3）杀菌液充满反渗透系统后，关闭阀门；

（4）每隔 15~30d 更换一次保护液（杀菌液）；

（5）反渗透系统重新投入运行前，先用进水低压冲洗 1h，再高压冲洗 5~10min，淡水排放，直至确认淡水中不含杀菌剂。

2.3.4.2　清洗

A　清洗的判断

反渗透系统一旦运行，膜污染就开始了，污染物在膜表面累积到一定程度后，会导致标准化的产水流量和系统脱盐率的分别下降或同时恶化。当下列情况出现时，需要清洗膜元件：

（1）标准化产水量降低 10%~15% 以上；

（2）标准化脱盐率下降 5%~10% 以上；

（3）进水和浓水之间的标准化压差上升了 10%~15%；

（4）已证实装置内部有严重膜污染或者结垢；

（5）反渗透系统长期停用；

（6）反渗透装置的例行维护。

这里所谓"标准化"可用反渗透系统运行正常后 24~48h 的温度和压力作为淡水电导率、淡水流量换算的标准或基准条件。

B　清洗液配方

清洗所用化学药剂与污染物相互作用，通过溶解、分解或分离，从膜表面清除掉污染物，不同污染物应采用不同的清洗液，该方法也称为化学清洗，通常在冲洗之后进行。定期进行化学清洗，可预防系统出现重大故障。化学清洗之后，使用反渗透进水或产水将污染物及清洗液彻底地冲洗出 RO 系统。反渗透膜化学清洗剂的选择见表 2-2。

表 2-2 反渗透膜化学清洗剂的选择

污染物	化学清洗剂	清洗条件	备选化学清洗液
无机盐垢 （如钙垢）	0.2%HCl 溶液	pH 值：2~4， 温度小于 35℃	2.0%柠檬酸； 1.0%$Na_2S_2O_4$
金属氧化物 （如铁、铝等）	1.0%$Na_2S_2O_4$溶液	温度小于 35℃	2.0%柠檬酸
不溶于酸的垢 （CaF_2、$CaSO_4$）	0.1%NaOH 溶液+ 1.0%Na_4EDTA 溶液	pH 值：11~12， 温度小于 30℃	SHMP 浓度 1%
无机胶体 （如淤泥）	0.1%NaOH 溶液+ 0.025%Na-SDS	pH 值：11~12， 温度小于 30℃	
硅垢	0.1%NaOH 溶液+ 0.025%Na-SDS	pH 值：11~12， 温度小于 30℃	0.1%NaOH 溶液+ 1.0%Na_4EDTA 溶液
微生物	0.1%NaOH 溶液+ 0.025%Na-SDS	pH 值：11~12， 温度小于 30℃	0.1%NaOH 溶液+ 1.0%Na_4EDTA 溶液
有机物	0.1%NaOH 溶液+ 0.025%Na-SDS 第一步清洗	pH 值：11~12， 温度小于 30℃	0.2%HCl 溶液 碱洗后第二步清洗

对于细菌污染物通常先进行消毒剂（不含游离氯），再采用清洗剂去污处理；对于多种污染物同时并存的情况，通常需要多种清洗方法结合才能达到良好的效果，清洗顺序一般是除铁—酸洗—碱洗。如果清洗后的脱盐率不理想，可以再使用酸性药剂对膜表面进行冲刷，然后用进水或者产水将清洗液彻底冲洗干净。

C 清洗操作

通常采用专门的清洗系统对反渗透膜进行清洗，反渗透清洗系统如图 2-15 所示。

（1）反渗透系统清洗前，先往清洗箱中注入反渗透产品水，用清洗泵将水从清洗箱送入反渗透压力容器中，并排放 15min；

（2）采用反渗透产品水在清洗箱中配制清洗液；

（3）开清洗进水阀、浓水阀，关压力调节阀、清洗回流阀，开启清洗泵；

（4）待出水颜色由浑浊变澄清后，开清洗回流阀，关浓水阀；

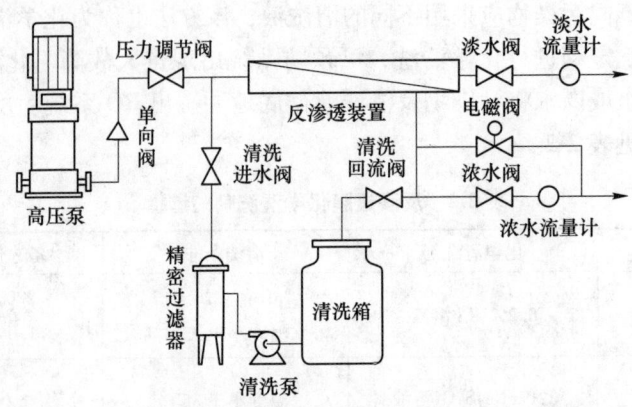

图 2-15　反渗透清洗系统示意图

（5）将清洗液在反渗透装置中循环 60min 或根据污染情况调整清洗时间，对于 8in❶压力容器，流速为 6.84～9.12m³/h，6in 压力容器流速为 3.65～4.56m³/h，4in 压力容器流速为 1.82～2.28m³/h；

（6）清洗结束后，完全开启淡水阀，再关闭清洗泵（注意：否则膜会被反压损坏且无法恢复）；

（7）排空清洗箱并冲洗干净，然后注满反渗透产品水；

（8）在淡水阀打开状态下，开清洗进水阀、浓水阀，关压力调节阀、清洗回流阀，再次开启清洗泵，冲洗反渗透装置中残留的清洗液，冲洗液排放不少于 20min，直到淡水清洁、无泡沫或无清洗剂；

（9）清洗后重新启动反渗透系统时，最初 10min 的淡水应排放。

2.4　纳　　滤

纳滤是介于反渗透膜和超滤膜之间的一种分子级膜分离技术，对二价和多价离子、分子量 150～1000u 以上的有机物有较高的脱除能力，去除率为 90%～95%，能截留分子直径为 1nm 的溶解性组分，故命名为纳滤。纳滤操作压差在 0.7MPa 左右，高于超滤，低于反渗透，可在较低的操作压力下对不同分子量的有机物以及不同价态的无机盐进行选择性分离，同时保持较高的渗透通量。

2.4.1　纳滤的分离机理

纳滤膜主要具有纳米级孔径的特点，其适合分离分子量为数百道尔顿的有机小分子物质，对于电中性体系，纳滤膜主要通过筛分效应截留粒径大于膜孔径的

❶　1in=25.4mm。

溶解性物质。因此，在分离有机溶质体系时，纳滤膜的截留率主要取决于有机质的分子量和分子形态，分子量越大截留率越高。纳滤的另一个重要特性是离子选择性。一价离子可以大量渗透到膜中，而对二价或多价离子的截留率可以达 90%以上。对阴离子来说，截留率顺序为：$NO_3^- < Cl^- < OH^- < SO_4^{2-} < CO_3^{2-}$；对于阳离子来说，截留率顺序为：$H^+ < Na^+ < K^+ < Ca^{2+} < Mg^{2+} < Cu^{2+}$。纳滤过程具有离子选择性的原因是在膜上或者膜中有带电基团，它们通过静电相互作用，阻碍多价离子的渗透。

纳滤膜多为具有三维交联结构的复合膜，膜孔尺寸比反渗透膜大，交联结构较疏松，网格立体空间大。此外，大部分纳滤膜为荷电型，对不同电荷和不同价态的离子有不同的 Donnan（道南）效应，其对无机盐的分离行为不仅受化学势控制，同时也受到电势梯度的影响，即电荷和电荷密度的差异对膜的性能有重大影响。

纳滤膜对中性溶质分子的分离过程主要依据筛分效应，传质机理可用不可逆热力学模型、细孔模型和溶解-扩散模型来解释。对电解质的分离过程主要依据电荷效应或 Donnan 效应，分离机理可用 Donnan 平衡模型、电荷模型等来解释。

在大分子电解质溶液中，由于大离子不能透过半透膜，而小离子受大离子电荷影响，能透过半透膜，当渗透达到平衡时，膜两边小离子浓度不相等，这种现象称为 Donnan 平衡。将荷电基团的膜置于盐溶液时，溶液中反离子（所带电荷与膜中固定电荷相反的离子）在膜内浓度大于其在主体溶液，而相同离子在膜内的浓度低于主体溶液的浓度。由此形成了 Donnan 位差阻止了同名离子从主体溶液向膜内的扩散，为保持电中性，反离子也被膜截留。如图 2-16 所示，NaCl 溶液被荷电膜隔开，若在 I 侧加入大分子钠盐（NaY），由于 Y 是大分子，不能透过膜，这时 I 侧 Na^+ 含量因钠盐的加入而上升，膜两侧的化学位平衡被破坏，I 侧 Na^+ 向 II 侧渗透，此时膜两侧的电中性被破坏，为了保持电中性，I 侧中的 Cl^- 也向 II 侧渗透（Y^- 不能渗透），直到两侧的化学位达到平衡。

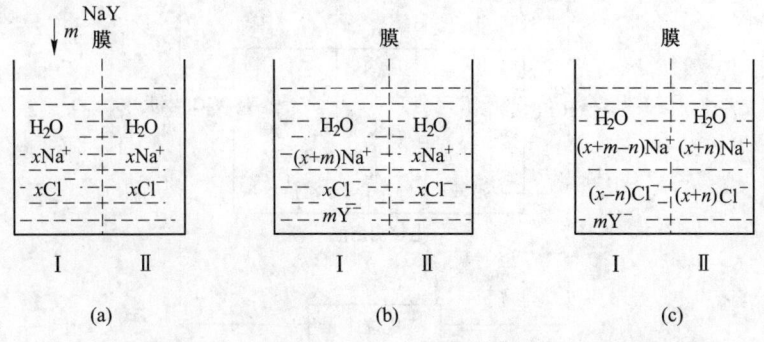

图 2-16　Donnan 平衡说明图

（a）NaCl 溶液；（b）加入 NaY（化学位不平衡）；（c）化学位平衡

对纳滤膜来说，在压力差的推动下，水分子可以通过膜，在浓度差的推动下，Na^+、Cl^-、Ca^{2+}也应该通过膜，但由于膜本身带电荷（比如负电荷），这时膜中正电荷离子多于负电荷离子。水中的阳离子可以通过浓度差的作用透过膜，阴离子被负电荷膜阻塞，不能透过膜，由于电中性原理，又限制了正电荷离子向淡水侧扩散，就达到了脱盐的目的。与一价离子相比，二价离子由于电荷多，电中性原理造成浓差扩散的阻力更大，也更不容易透过膜，所以纳滤膜对二价离子的脱除率要大于对一价离子的脱除率。

2.4.2　纳滤膜性能参数

2.4.2.1　水通量

纳滤膜的水通量为 $2 \sim 4 \text{L}/(\text{m}^2 \cdot \text{h})$ （3.5%NaCl，25℃，ΔP 为 0.098MPa），是反渗透膜的数倍。

2.4.2.2　脱盐率

纳滤膜对水中一价离子脱盐率为 40%~80%，远低于反渗透膜，对二价离子脱盐率可达 95%，略低于反渗透膜。

2.4.2.3　截留分子量

纳滤膜的截留分子量一般为 200~1000u。

2.4.2.4　回收率

纳滤膜的单支膜水回收率基本与反渗透膜相同，一般为 15%。

2.4.2.5　荷电性

电荷测量装置如图 2-17 所示，通过压力作用使溶液通过膜的一侧，然后，测量膜的两面之间的电位差以确定膜的电性和电荷。

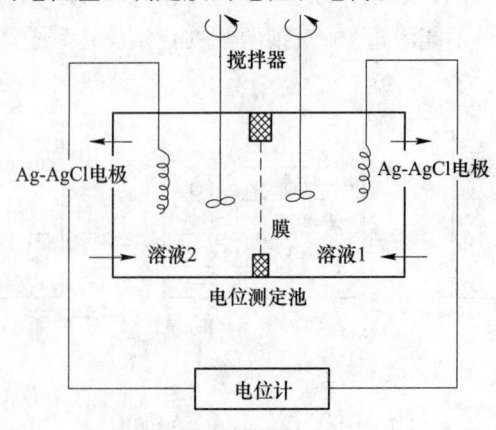

图 2-17　电荷测量装置

2.5 电渗析和电除盐

电渗析（简称 ED）是一种以电压差为驱动力，利用阴、阳离子交换膜对水中阴、阳离子的选择透过性，实现电解质在溶液中的脱除、浓缩和转化的膜分离技术。1952 年，美国 Ionics 公司制成了第一台电渗析装置，成功应用于苦咸水的淡化。随后，该技术在美、英、日等发达国家迅速推广，并应用于苦咸水、海水的淡化以及饮用水和工业用水的制备。由于电渗析存在运行维护工作量大、回收率和脱盐率低等缺陷，随着压力驱动力膜分离技术（反渗透）脱盐率的大幅提高和能耗有效降低，该技术在传统的海水淡化领域的发展受到了制约。电渗析技术与离子交换技术的有机结合，形成了一项新的脱盐技术——电除盐技术（EDI），已广泛应用于工业超纯水的制备。

2.5.1 电渗析工作过程

2.5.1.1 电渗析工作原理

电渗析装置中水流分三路进出，分别为极水室、浓水室和淡水室。如图 2-18 所示，起初电渗析各隔室中充满给水，在直流电场作用下，水中阴离子穿过阴离子交换膜向阳极方向迁移，阳离子穿过阳离子交换膜向阴极方向迁移。同时，在迁移过程中，阳离子不能穿过阴离子交换膜，阴离子不能通过阳离子交换膜。随着离子的迁移，各个隔室分别成为了浓水室和淡水室，离子交换膜与电极板构成的隔室称为极水室。

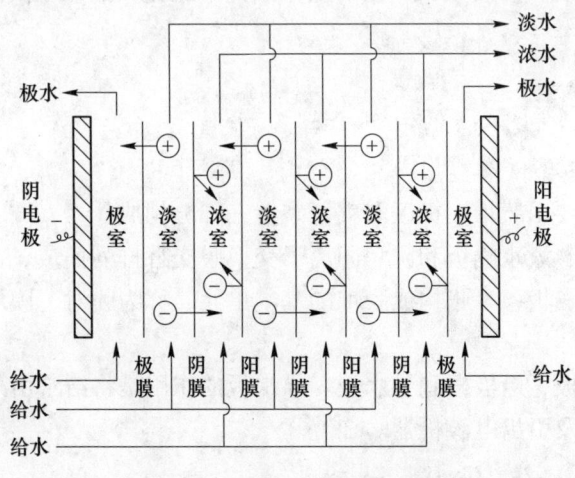

图 2-18　电渗析工作原理示意图

2.5.1.2　电渗析过程中的次要过程

电渗析运行过程中以阴、阳离子在直流电场作用下定向反离子迁移为主，同时还可能伴随着一些次要过程的发生，具体内容如下：

（1）同名离子迁移。反离子迁移是电渗析器中的主要过程。由于 Donnan 平衡的关系，与膜上的固定离子所带电荷相同的离子也会穿过膜。

（2）电解质的浓差扩散。由于浓、淡水室的浓度差，电解质由浓水室向淡水室扩散。这种扩散的速度和数量是和两室的浓度差大小成正比的。

（3）水的浓差扩散。与离子浓差扩散类似，伴随着电渗析过程中膜两侧水化学位差的逐渐增加，淡水室电解质的浓度低于浓水室，水会自发的由淡水室向浓水室渗透。

（4）压差渗漏。由于浓、淡水室两侧的压力不同而产生的机械渗漏。它的渗漏方向不固定，总是由压力高的一侧向压力低的一侧渗漏。

（5）水的电渗透。电渗析过程中离子的迁移实际上是水合离子的迁移，当离子在直流电场作用下透过膜的同时，水也被携带着透过膜，这种水通过膜的迁移称为水的电渗透。

（6）水的极化电离。在电渗析器运行过程中，由于离子在离子交换膜内的迁移数比在溶液中的迁移数要多，当电流密度上升到某一定数值时，在淡水侧膜-液界面上可迁移的离子几乎为零，淡水室的水解离成 H^+ 及 OH^-。在直流电场作用下，电离产生的 H^+ 及 OH^- 会分别穿过阳膜和阴膜进入浓水室。

反离子迁移是电渗析的主要过程，其他过程均会影响电渗析的除盐和浓缩效果，降低电渗析运行效率，增加能耗。因此，电渗析过程期望离子交换膜具有理想的选择分离性能，并能够在优化的操作条件下运行，强化主要过程，抑制次要过程。

2.5.2　电渗析器

2.5.2.1　电渗析器的构成

电渗析器主要由膜堆、极区和夹紧装置三部分构成。

膜堆是由浓、淡水隔板和阴、阳离子交换膜交替排列而成，由阴膜、淡水隔板、阳膜、浓水隔板各一张构成膜堆的基本单元，称为膜对。膜堆即是由若干膜对组合而成的总体。

极区包括电极、电极框和导水板。导水板的作用是将给水由外界引入电渗析器各个隔室，以及引出电渗析器。

A　隔板

隔板是形成电渗析器浓、淡水室的框架，将阴、阳离子交换膜隔开，也是浓、淡水的通道。隔板由隔板框和隔板网组成，隔板边缘有垫片，框是隔板中用于绝缘和密封的边框部分，网是隔板中用于强化水流湍流效果和隔开膜的部件。隔板、膜、垫片上的孔对齐贴紧后形成孔道，隔板水流系统如图 2-19 所示。

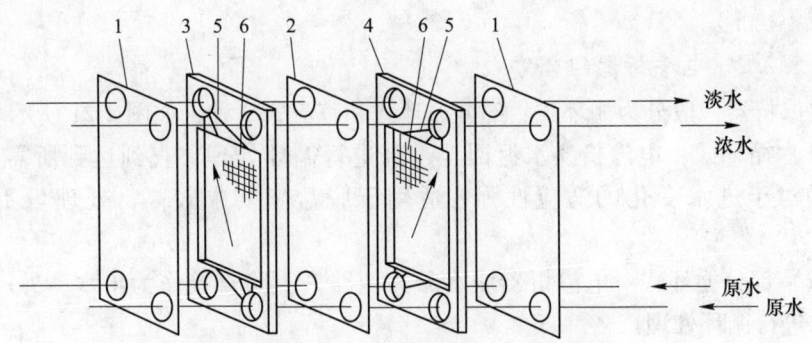

图 2-19　电渗析隔板水流系统示意图
1—阳膜；2—阴膜；3—淡室隔板；4—浓室隔板；5—布水槽；6—隔板网

隔板按隔板网的形式不同，有网式、冲模式和鱼鳞网式等，我国主要有网式和冲模式两大类，隔板厚度一般在 0.5~1.5mm，按隔板中的水流情况来分，可分为有回路和无回路两大类（见图 2-20），同类尺寸大小的隔板，无回路的产水量大，有回路的除盐率高，但有回路的由于流程长，水流阻力相对也较大。

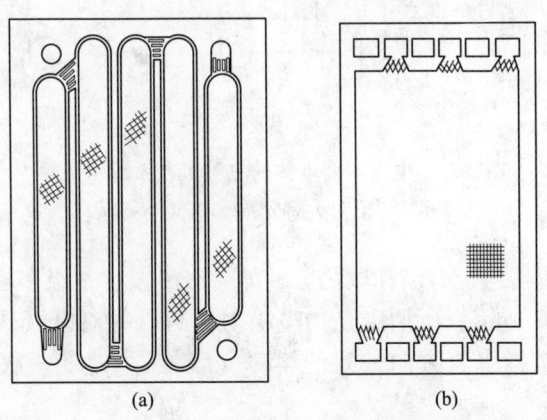

图 2-20　有回路与无回路隔板
（a）有回路隔板；（b）无回路隔板

B 电极

电极是电渗析除盐的推动力，分为阳极和阴极，在电渗析器通电后，电极表面即产生电化学反应，阳极处产生初生态氧和氯，溶液呈酸性，阴极处产生氢气，溶液呈碱性，并易产生污垢。通常对电极材料的要求是化学和电化学稳定性好、导电性能好、机械强度高、价格便宜。常用的电极材料有三种，即钛涂钌、石墨或不锈钢。

2.5.2.2 电渗析器组合方式

电渗析器一般分为循环式、部分循环式和直流式 3 种，如图 2-21 所示。

（1）循环式：电渗析淡水返回至进水进行循环处理，直到达到所需水质。该方式对于进水变化的适应性强，适用于脱盐率要求较高，处理量不大的情况。

（2）部分循环式：电渗析器淡水分为两路，一路直接作为出水，另一路返回进水进行循环处理。

（3）直流式：也称连续式除盐，进水经单台或多台串联或多台串、并联的电渗析器处理后，出水达到除盐要求。该方式可以连续制水，但对进水变化的适应性较差。

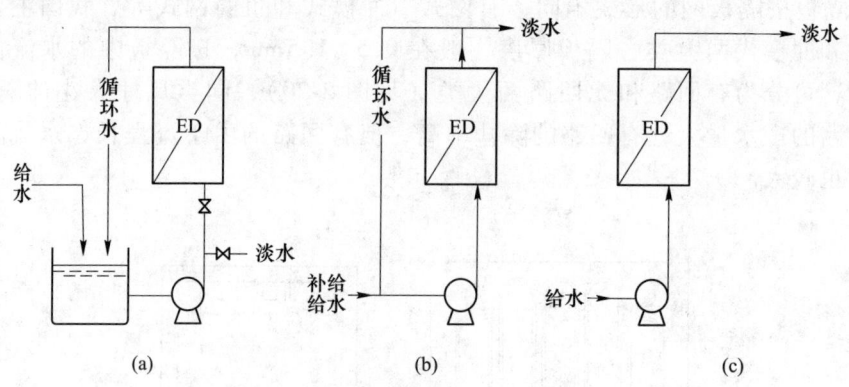

图 2-21　电渗析器本体的三种工艺系统示意图
（a）循环式；（b）部分循环式；（c）直流式

直流式电渗析器组合有级和段之分，如一级一段、一级多段、多级一段和多级多段，如图 2-22 所示。所谓级是指电极对数目，一对电极称一级，两对电极称二级。所谓段是指水流方向一致的膜对（膜堆），改变一次水流方向就增加一段。

2.5.3　电除盐工作原理

EDI 是以电渗析装置为基本结构，在其中装填强酸阳离子交换树脂和强碱

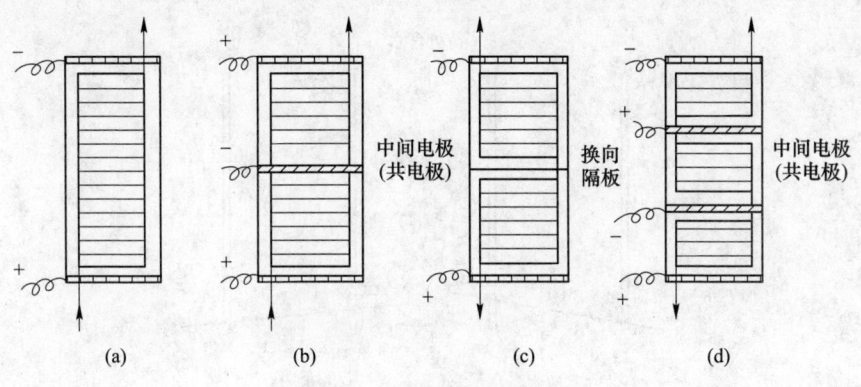

图 2-22 电渗析器组装方式

(a) 一级一段；(b) 二级一段；(c) 一级二段；(d) 二级三段

阴离子交换树脂的一种除盐设备。EDI 技术核心是以离子交换树脂作为离子迁移的载体，以阴、阳膜作为阴、阳离子选择性通过的关卡，以直流电场作为离子迁移的推动力，从而实现除盐的过程。按树脂的装填方式 EDI 分为下列几种形式：

(1) 只在电渗析淡水室的阴膜和阳膜之间充填混合离子交换树脂；

(2) 在电渗析淡水室和浓水室中间都充填混合离子交换树脂；

(3) 在电渗析淡水室中放置由强碱阴离子交换树脂层和强酸阳离子交换树脂层组成的双极膜，称为双极膜三隔室填充床电渗析。

目前在工业上广泛应用的主要是形式 (2)。

EDI 工作原理如图 2-23 所示，在淡水室的阴膜和阳膜之间填充离子交换树脂，含盐水进入 EDI 后，离子首先因离子交换作用而吸着于树脂颗粒上，由于 EDI 装置在极化状态下运行，膜及离子交换树脂表面会发生极化，水解离产生 OH^- 和 H^+，对树脂起了再生作用。由于离子交换树脂不断发生交换作用与再生作用，形成离子通道，在直流电场作用下阴、阳离子经由树脂颗粒构成的"离子传输通道"分别定向迁移到膜表面，并透过阴、阳离子交换膜进入浓水室。淡水室中离子交换树脂的导电能力比所接触的水要高 2~3 个数量级，使淡水室体系的电导率大大增加，提高了电渗析的极限电流。电流的传导不再单靠阴、阳离子在溶液中的迁移，还包括离子的交换和离子通过离子交换树脂的运动，从而提高了离子在流道内的迁移速度，加快了离子的分离。

EDI 运行过程中，离子交换、离子迁移和离子交换树脂的再生这三个过程同时进行，相互促进。当进水离子浓度一定时，在一定电场的作用下，离子交换、离子迁移和离子交换树脂的再生达到某种程度的动态平衡，使离子得到分离，实现连续去除离子的效果。

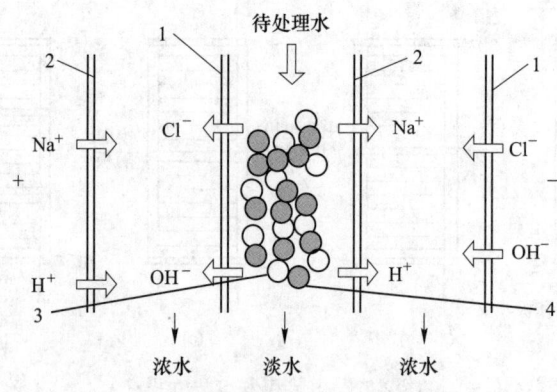

图 2-23　EDI 工作原理

1—阴离子交换器；2—阳离子交换器；3—阴离子交换树脂；4—阳离子交换树脂

2.5.4　电除盐装置的运行

2.5.4.1　EDI 的进水要求

由于 EDI 装置是在离子迁移、离子交换和树脂再生 3 种状态下工作的，70%以上的电流消耗于水的电离，因而 EDI 电能和脱盐效率很低，只能用于处理低含盐量的水，一般是反渗透装置的产水，具体进水水质要求见表 2-3。

表 2-3　不同品牌 EDI 的进水水质要求

分类	指标	Electropure	E-Cell	Ionpure	OMEXELL	HH-EDI
负荷类	pH 值	5~9.5	4~9	4~11	6~9	4~9
	电导率 /$\mu S \cdot cm^{-1}$	1~20	<40	<40		<30
	总 CO_2 浓度/$mg \cdot L^{-1}$	<5	<1	—	≤3	<5
	硅浓度/$mg \cdot L^{-1}$	<0.5	<0.5	<1	≤0.5	
结垢污染类	硬度（以 $CaCO_3$ 计）/$mg \cdot L^{-1}$	<1.0	<0.5	<1.0	≤2	<1.0
	Fe、Mn、H_2S 浓度/$mg \cdot L^{-1}$	<0.01	<0.01	<0.01	≤0.01	<0.01
	有机物 TOC 浓度/$mg \cdot L^{-1}$	<0.5	<0.5	<0.5	≤0.5	<0.5
	颗粒物 SDI	<1	<3	—		
	活性氯浓度/$mg \cdot L^{-1}$	<0.05	<0.05	<0.02	≤0.05	<0.05

续表 2-3

分类	指标	Electropure	E-Cell	Ionpure	OMEXELL	HH-EDI
其他	温度/℃	5~35	5~40	5~45	10~38	
	进水压力/MPa	0.15~0.5	0.15~0.5	0.14~0.7	0.14~0.7	
	出水压力/MPa	>浓水和极水	>浓水和极水	>浓水 0.02~0.07		>浓水 0.03~0.07
	浓水和极水出水压力比较	浓水>极水	浓水>极水			

2.5.4.2 EDI 运行效果的影响因素

在 EDI 的操作过程中，水解离是 EDI 的核心问题，控制操作参数使操作过程中发生一定程度的水解离是 EDI 持续稳定运行的必要条件。影响 EDI 装置运行效果的主要因素有操作压力和运行电流、进水水质及组成成分、进水流量和温度等。

（1）操作电压和运行电流：当进水水质稳定时，随着操作电压的增大，运行电流增加，达到极限电流后，水解离程度增大，树脂的再生效果好，出水的电导率下降。当操作电压增加到一定程度时离子交换过程与树脂的再生过程达到了平衡，产水电导率进一步下降并趋于稳定。操作电压过低，膜堆运行电流小，离子迁移和离子交换树脂再生过程都比较弱，不足以在淡水流出膜堆之前将离子从淡水室迁移出去。但操作电压过大，运行电流高于膜堆的再生电流时，过量的水电离和离子反扩散会降低产水水质。所以，EDI 应在适当的电压下运行。

（2）进水水质及组成成分：进水电导率高时，浓差极化程度轻，水解离速度小，树脂得不到有效再生，导致在短时间内淡水室内的树脂被杂质离子所饱和。当电导率大于 $100\mu S/cm$ 时，即使提高操作电流，也不能提高产水水质。此外，弱电离物质（硅酸化合物）不易被树脂交换，且膜堆电压对它们的迁移推动力也很弱，因而难以被去除；二价离子的离子交换速率和迁移速率均比一价离子慢。

（3）进水流量：进水流速增加使膜面水湍流层厚度加大，促进了淡水室中水与膜、树脂之间的交换速度，同时湍流层的加大使淡水室中的死水区域变小，从而提高了产水水质。但流速增加到一定程度时进入淡水室的离子总量大于离子通过膜的迁移量，导致产水水质下降。

（4）温度：EDI 运行温度一般控制在 5~35℃。进水温度适当升高，有利于加快离子迁移速度，促进离子交换树脂的交换和再生作用，提高产水电阻率。弱酸性离子的水解电离作用随水温的升高而增加，因此其去除率也有相应提高。

2.5.4.3 EDI 设备运行与维护

（1）在 EDI 设备安装或再生前，必须确保所有的上游预处理设备和管道均已用不含悬浮颗粒的水冲洗干净。

（2）在 EDI 的正常运行中，必须确保进水的水质指标。电导率小于 $40\mu S/cm$，二氧化硅小于 $1mg/L$，铁、锰、硫化物小于 $0.01mg/L$，余氯小于 $0.02mg/L$，总硬度（$CaCO_3$）小于 $1.0mg/L$，溶解的有机物（TOC）小于 $0.5mg/L$，pH 值为 $6\sim9$。

（3）在 EDI 的正常运行中，出现以下任何一种情况时，就需要进行化学清洗，来恢复设备原有的性能、产水质量及压降。

1）温度和流量不变，产水压降增加 25%。

2）温度和流量不变，浓水压降增加 25%。

3）温度、流量、电流和进水相当电导率不变，产水质量降低。

4）温度和流量不变，膜堆的电阻增加 25%。

（4）对需要进行化学清洗的 EDI 设备来说，要根据去除物质的种类选择相应的清洗液，常见的化学清洗液如下：

1）盐酸（2%），用于清除结垢和金属氧化物。

2）NaCl/NaOH（5%NaCl/1%NaOH），用于清除有机物污染及生物膜。

3）过碳酸钠，用于清除有机污染，降低压降及消毒。

4）过乙酸，用于定期的消毒，阻止细菌末的生长。

5）强力多介质清洗，建议仅将这种由盐酸、NaOH 和过碳酸钠组成的强力清洗方案，用于被生物严重污染的系统。

注：如果不清楚膜堆是否结垢或是否被有机物所污染，可以先用 HCl 清洗，然后用 NaCl/NaOH 溶液清洗。

（5）EDI 模块在使用 $3\sim5$ 年后，出水水质不理想，应考虑请厂家来保养或换件。

2.6 活性炭过滤器

活性炭过滤器是一种内装填粗石英砂垫层及优质活性炭的压力容器。活性炭颗粒有非常多的微孔和巨大的比表面积，具有很强的物理吸附能力。作为水处理脱盐系统前处理能够吸附前级过滤中无法去除的余氯和小分子有机物（分子量 $500\sim3000u$），有效防止反渗透膜、离子交换树脂等的污染，保障后续处理系统安全、稳定运行，提高出水水质。但是活性炭颗粒运行中的磨损，会使出水中夹带活性炭粉末，这会给反渗透系统造成危害。

2.6.1 活性炭吸附机理

吸附现象发生在固液或气固接触界面，它是具有很大比表面积的多孔固相物质与气体或液体接触时，气体或液体中一种或几种组分会转移到固体表面上，形成多孔的固相物质对气体或液体中某些组分的吸附。多孔的具有吸附功能的固体物质称为吸附剂，气相或液相中被吸附物质称为吸附质。在活性炭过滤器中，活性炭是吸附剂，水中有机物质或余氯是吸附质。

固体内部的分子完全被相同的分子所包围，分子间的力是平衡的。而在固体表面分子则三面受力，分子间的力是不平衡的，这就促使固体表面有吸附外界分子到其表面的能力，即吸附剂和吸附质之间存在的分子引力（范德华力），这种现象叫物理吸附。活性炭吸附水中有机物主要是物理吸附。

化学吸附是指吸附剂和吸附质之间发生化学反应，吸附力由化学键产生，吸附质化学性质发生变化。活性炭去除水中余氯还伴有化学吸附产生。

2.6.2 吸附性能参数

2.6.2.1 吸附容量

吸附容量是指单位质量吸附剂所吸附的吸附质的量，单位是 mg/g。

对于活性炭而言，其吸附容量测定方法为：先将活性炭洗涤干燥，研磨至 75μm（200 目）以下，在一系列磨口烧杯中放入同体积同浓度的吸附质（如有机物）溶液，然后加入不等量的活性炭样品，在恒温情况下振荡一定时间，达到吸附平衡后，测定吸附后溶液中残余吸附质浓度，按下式计算吸附容量：

$$q_e = \frac{V \times (C_0 - C_e)}{m}$$

式中　　q_e——在平衡浓度为 C_e 时的吸附容量，mg/g；

　　　　V——吸附质溶液体积，L；

　　　　C_0——溶液中吸附质的初始质量浓度，mg/L；

　　　　C_e——活性炭吸附平衡时吸附质剩余质量浓度，mg/L；

　　　　m——活性炭样品质量，g。

2.6.2.2 吸附等温线

对于以物理吸附为主要吸附过程的活性炭，吸附温度和吸附平衡时水中有机物浓度与活性炭吸附容量有关。当温度固定时，吸附容量仅随平衡浓度变化而变化，将测得的一系列吸附容量值与其对应的平衡浓度绘图，即得该温度下活性炭对该有机物的吸附等温线。吸附等温线常用于评价活性炭吸附性能。

水处理中活性炭吸附常使用富兰德里胥型（Freundlich）吸附等温方程来表达吸附过程，其数学表达式是：

$$q_e = kC_e^{\frac{1}{n}}$$

式中　k——吸附常数；

　　　n——吸附指数。

上式两边取对数，得到直线方程式：

$$\lg q_e = \frac{1}{n}\lg C_e + \lg k$$

2.6.2.3　吸附速度

吸附速度是指单位质量吸附剂在单位时间内吸附的吸附质的量，单位为 mg/(g·min)。吸附速度也是吸附剂的一个重要性能指标。

在对不同活性炭进行选择时，除了比较其吸附容量外，还要比较其吸附速度。活性炭的吸附速度测定方法是：在一定的吸附质溶液中加入一定量的活性炭，在充分振荡下让其吸附，每隔一段时间取样测定吸附质溶液中残余浓度，按下式进行计算：

$$v = \frac{V \cdot (C_0 - C_t)}{mt}$$

式中　v——反应时间内平均吸附速度，mg/(g·min)；

　　　t——取样时间，min；

　　　V——试样体积，L；

　　　C_0——吸附质初浓度，mg/L；

　　　C_t——吸附完成的残余浓度，mg/L。

活性炭的吸附速度主要与活性炭颗粒大小、活性炭周围水流速度及湍流情况以及活性炭的孔结构和吸附质性质等因素有关。

2.7　离子交换器

离子交换是指某些物质遇水溶液时，能从水溶液中吸着某种（类）离子，而把本身具有的另外一种同类电荷的离子等摩尔量地交换到溶液中去的现象。目前离子交换技术已广泛应用于工业、医学、国防和环境保护等领域，特别是在工业用水处理领域占有非常重要的地位。

2.7.1 离子交换树脂

离子交换树脂是一类带有活性基团的网状结构高分子化合物。其分子结构可以人为的分为两个部分：一部分是具有庞大的空间结构的高分子骨架；另一部分是带有可交换离子的活性基团，活性基团通过化学键结合在高分子骨架上。

根据离子交换树脂所带活性基团的性质，可将其分为两大类：一类是能与水中阳离子进行交换反应的阳离子交换树脂；另一类是能与水中阴离子进行交换反应的阴离子交换树脂。根据活性基团上 H^+ 和 OH^- 电离的强弱程度，又可分为强酸性、弱酸性阳离子交换树脂，强碱性、弱碱性阴离子交换树脂。

2.7.2 离子交换的选择性

离子交换树脂对各种离子的吸着能力不一，即离子交换树脂具有离子交换选择性，该性质对树脂的交换和再生过程有着重大影响。离子交换树脂的选择性主要取决于被交换离子的结构，一是离子带的电荷数，离子所带电荷数越多，与活性基团固定离子间的静电引力越大，因而越易被吸着；二是原子序数，对于带相同电荷的离子，原子序数越大，形成的水合离子半径小，与活性基团固定离子间的静电引力越大，因而越易被吸着。此外，离子交换树脂的选择性还与树脂的交联度、活性基团、离子浓度等因素有关。

树脂在常温、稀溶液中对常见离子的选择性顺序如下：

(1) 强酸性阳离子交换树脂，$Fe^{3+}>Al^{3+}>Ca^{2+}>Mg^{2+}>K^+ \approx NH_4^+>Na^+>H^+$；

(2) 弱酸性阳离子交换树脂，$H^+>Fe^{3+}>Al^{3+}>Ca^{2+}>Mg^{2+}>K^+ \approx NH_4^+>Na^+$；

(3) 强碱性阴离子交换树脂，$SO_4^{2-}>NO_3^->Cl^->OH^->HCO_3^->HSiO_3^-$；

(4) 弱碱性阴离子交换树脂，$OH^->SO_4^{2-}>NO_3^->Cl^->HCO_3^-$（对 $HSiO_3^-$ 几乎不交换）。

在浓溶液中，由于离子间的干扰较大，且水合离子半径的大小顺序与在稀溶液中有些差别，其结果使得在浓溶液中各离子间的选择性差别较小，有时甚至会出现相反的顺序。

2.7.3 复床除盐系统

在离子交换除盐系统中，一级复床是最简单一种除盐系统，由阳离子交换器、脱碳器和阴离子交换器组成。在该系统中，原水在强酸性阳离子交换器（阳床）中经 H^+ 交换后，除去水中所有阳离子，被交换下来的 H^+ 与水中阴离子结合成相应的酸，水中 HCO_3^- 因结合 H^+ 而转化为 CO_2，其连同水中原有的 CO_2 在脱碳器中被脱除，强碱性阴离子交换器（阴床）中，水中阴离子全部去除，被交换

下来的 OH^- 与 H^+ 结合，获得了除盐水。复床除盐系统出水水质是：硬度 $=0$，电导率 $\leqslant 5\mu S/cm$，SiO_2 含量 $<100\mu g/L$，Na 含量 $<100\mu g/L$。

2.7.3.1 阳离子交换器

当用强酸性氢型阳树脂处理水时，水中主要阳离子 Ca^{2+}、Mg^{2+}、Na^+ 的交换反应如下。

对水中钙镁的重碳酸盐：

$$2RH + \left.{Ca \atop Mg}\right\}(HCO_3)_2 \longrightarrow R_2\left\{{Ca \atop Mg} + 2H_2CO_3\right.$$
$$\longrightarrow 2H_2O + CO_2$$

对水中非碳酸盐硬度：

$$2RH + \left.{Ca \atop Mg}\right\}SO_4 \longrightarrow R_2\left\{{Ca \atop Mg} + H_2SO_4\right.$$

当水中有过剩碱度时，其交换反应为：

$$RH + NaHCO_3 \longrightarrow RNa + H_2CO_3$$
$$\longrightarrow 2H_2O + CO_2$$

与水中中性盐的交换反应为：

$$RH + NaCl \longrightarrow RNa + HCl$$

对水中硅酸盐的交换反应为：

$$RH + NaHSiO_3 \longrightarrow RNa + H_2SiO_3$$

从交换反应可看出，经强酸性氢型阳树脂后，水中各种溶解盐类都转变成相应的酸，包括强酸（HCl、H_2SO_4 等）和弱酸（H_2CO_3、H_2SiO_3 等），出水呈强酸性。酸性大小通常用强酸酸度来表示，又简称酸度。

阳床运行可以通过控制出水漏钠等方法来判断失效，及时进行再生操作。一般以出水含钠 $100\sim300\mu g/L$ 作为阳床运行失效的终点，或者当出水酸度下降 $0.1mmol/L$ 时，可判断失效。

2.7.3.2 脱碳器

经阳床处理后，水中 HCO_3^- 转变为 H_2CO_3，连同水中原有的 CO_2，其溶解量远远超出与空气中 CO_2 含量平衡时的溶解度，因此，根据亨利定律，在一定温度下气体在溶液中的溶解度与液面上该气体的分压力成正比，当液体中该气体溶解量超过它溶解度时，它会从水中逸出。脱碳器是通过降低与水相接触的气体中 CO_2 的分压，可使溶解于水中的游离 CO_2 从水中解吸出来，从而达到除去水中游离 CO_2 的目的。

增加水与空气的接触面积，可有效提高水中 CO_2 逸出速度。为了降低 CO_2 气体分压，主要有两种形式的脱碳器：一种是大气式脱碳器，通过在脱碳器底部鼓入空气，加速水中 CO_2 与空气中 CO_2 的平衡；另一种是真空式除碳器，通过脱碳器上部抽真空，降低水的沸点，让水温与水沸点接近，从而提高 CO_2 逸出速度。大气式脱碳器主要控制风压和风量；真空脱碳器主要保持真空度。

2.7.3.3　阴离子交换器

水经阳床和脱碳器处理后，阳离子全部转换为 H^+，CO_2 大部分被去除，水中残存的各种酸，可与强碱阴树脂发生交换，即：

$$2ROH + H_2 \begin{Bmatrix} SO_4 \\ Cl_2 \\ CO_3 \\ SiO_3 \end{Bmatrix} \longrightarrow R_2 \begin{Bmatrix} SO_4 \\ Cl_2 \\ (HCO_3)_2 \\ (HSiO_3)_2 \end{Bmatrix} + 2H_2O$$

强碱性 OH 型离子交换树脂可以用来和水中各种阴离子进行交换，其对于强酸阴离子的交换能力很强，对于弱酸阴离子则交换能力较小。在工业除盐水制备中，需彻底去除硅酸化合物，因此，强碱阴离子交换树脂的交换特性，主要是看其除硅特性。

阴床运行以漏 SiO_2 为失效终点判断，在强碱阴床出水中，SiO_2 含量一般为 $20 \sim 100 \mu g/L$。开始出现漏 SiO_2 时，出水 pH 值下降，电导率先有所下降，然后上升，因此，通过测定出水电导率和 pH 值，也可判断阴床运行失效终点。

2.7.4　混合离子交换器

混合离子交换器（混床）是把 H 型强酸阳树脂和 OH 型强碱阴树脂置于同一台交换器中混合均匀，可以被看作是由许多 H 型交换器和 OH 型交换器交错排列的多级式复床。

在混床中，由于阴、阳树脂均匀混合，阴、阳离子的交换反应是交叉进行的，经阳离子交换所生产的 H^+ 和经阴离子交换所生产的 OH^- 能及时地反应生成 H_2O，基本消除了逆反应的影响，这就使交换反应进行得十分彻底，因而出水水质很好。

其反应可用下式表达：

$$2RH + 2ROH + \begin{cases} SO_4^{2-} \\ 2Cl^- \\ 2HCO_3^- \\ 2HSiO_3^- \end{cases} + \begin{cases} Ca^{2+} \\ Mg^{2+} \\ 2Na^+ \\ 2K^+ \end{cases} \longrightarrow 2H_2O + R_2 \begin{cases} Ca^{2+} \\ Mg^{2+} \\ 2Na^+ \\ 2K^+ \end{cases} + R_2 \begin{cases} SO_4^{2-} \\ 2Cl^- \\ 2HCO_3^- \\ 2HSiO_3^- \end{cases}$$

混床运行失效终点以出水电导率或 SiO_2 的含量为判断标准，混床进水达一级复床除盐系统出水水质条件时，混床出水水质应达到：电导率 $\leqslant 0.15\mu S/cm$，SiO_2 含量 $<10\mu g/L$。

3 水处理系统设备运行与操作

3.1 设备操作维护规范

设备操作维护规范如下:

(1) 设备的维护、管理、记录由专人负责,运行管理人员需经过技术培训,未经培训人员不得擅自操作设备。设备流量、压力等值请勿随意变动,操作人员应做好详细的运行参数记录,并妥善保管记录资料。

(2) 设备启动前,应先做好准备工作,检查设备供电及水源是否正常,检查手动阀门是否已按照操作说明书打开,检查水泵电机周围是否有杂物堆放。

(3) 设备正常运行时应处于自动运行状态,只有经过培训的运行管理人员才能使用手动模式。手动操作及半自动操作:开机时必须先打开阀门,再开启水泵,关机时必须先关闭水泵电源,再关闭阀门。

(4) 按照操作说明书启动设备后,检查设备运行压力、流量等数据是否稳定,设备各个接口是否有漏水现象,水泵泵体、电机是否有异响。如出现异常症状,请立即停机并安排人员进行维修,不得带病运行,以免设备产生更严重的损坏。

(5) 设备自动运行时,注意水箱液位,不应出现缺水现象。应安排人员每天巡视2次或3次,观察设备是否运行正常,设备运行压力、流量等数据是否稳定,注意补充设备运行所需的药剂。发现运行不正常时,应及时上报。

(6) 系统所用滤芯、滤袋,当进出水压差大于 0.05MPa 时请及时更换。

(7) 尽量避免设备遭受日晒,腐蚀药品远离设备。

(8) 发生紧急情况时,可按"停机",切断设备电源。

(9) 定期清洁设备、清扫场地,保持设备及场地的清洁。安排设备定期维护,保持设备的良好运行状态。

3.2 水处理系统全自动运行操作

超纯水制备系统控制面板如图 3-1 所示。在触摸屏上面选择自动模式,按启

动键水处理系统即可自动运行，如图 3-2 所示。在自动运行过程中，控制面板上
通过指示灯分别显示补水系统、超滤系统、一级 RO 和纳滤系统、二级 RO 和阳
床、阴床系统、混床和 CDI 系统、供水系统的状态，即运行、待机、故障。根据
各个水箱液位，系统各单元进行启动（或关闭）阀门、水泵，实现自动补水、
运行、冲洗等操作。若电源因其他原因断电，系统需重新启动进入自动运行
模式。

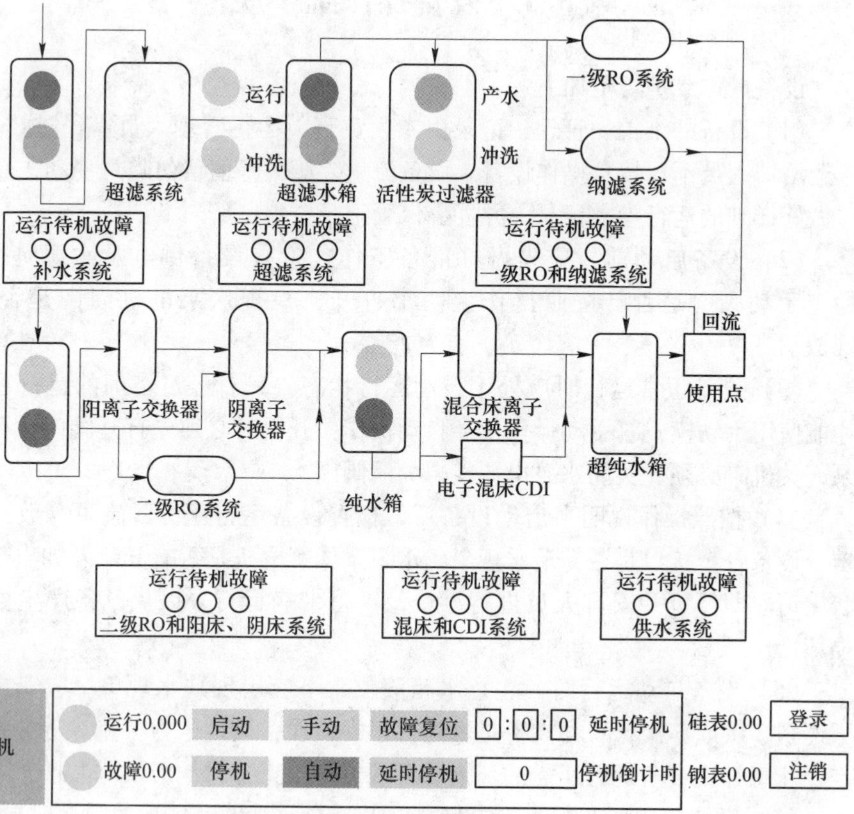

图 3-1　超纯水制备系统控制面板示意图

扫码查看彩图

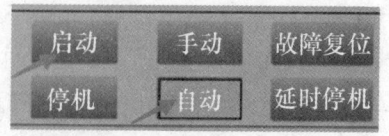

图 3-2　自动控制操作指示图

3.3 前处理系统运行操作

3.3.1 原水箱

3.3.1.1 原水箱补水操作

（1）开启手动阀"BV101"，如图1-1所示。

（2）登录用户权限001，点击控制面板 "登录"键，进入登录界面（见图3-3），选择用户001，输入密码，确认即可。

（3）在触摸屏上选择手动模式，点击 "MBV101"阀门图标，即可进行手动补水。

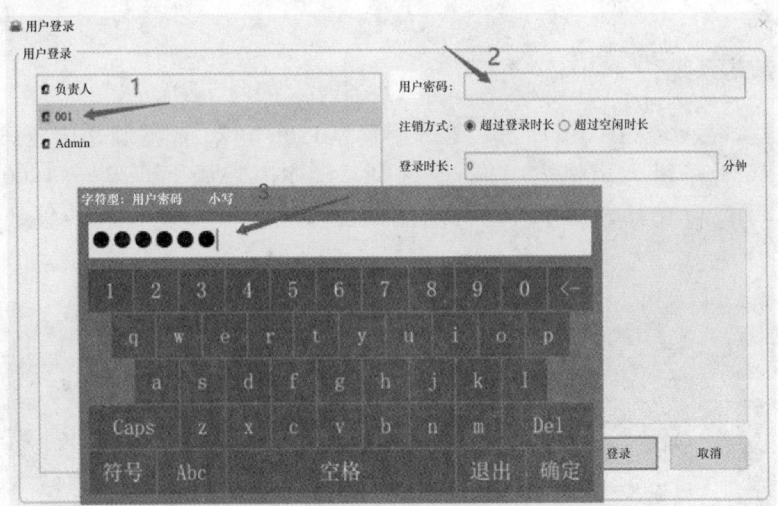

图3-3 登录界面

3.3.1.2 注意事项

（1）定期检查、清洁，防止污染。

（2）定期擦洗水箱表面，防止积灰。

（3）如发生溢流现象，检查液位开关是否正常工作。

3.3.2 袋式过滤器

袋式过滤器是为了保护超滤设备设计的微孔过滤器（见图3-4），系统中两个微孔过滤器的过滤精度分别为 50μm、10μm，可去除自来水中的微小颗粒物，处理流量为 2.0t/h，注意袋式过滤器的进水压力大于 0.25MPa 时，需要更换滤袋或者清洗滤袋。

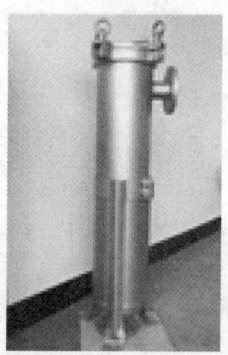

图 3-4　袋式过滤器

3.3.3　超滤系统

超滤装置系统如图 3-5 所示，处理流量为 1.0t/h×2，超滤膜是内压式中空纤维膜，截留分子量为 100ku，自动运行时，操作流程如下：运行(1800s) → 反洗(30s) → 正洗(10s) → 运行。

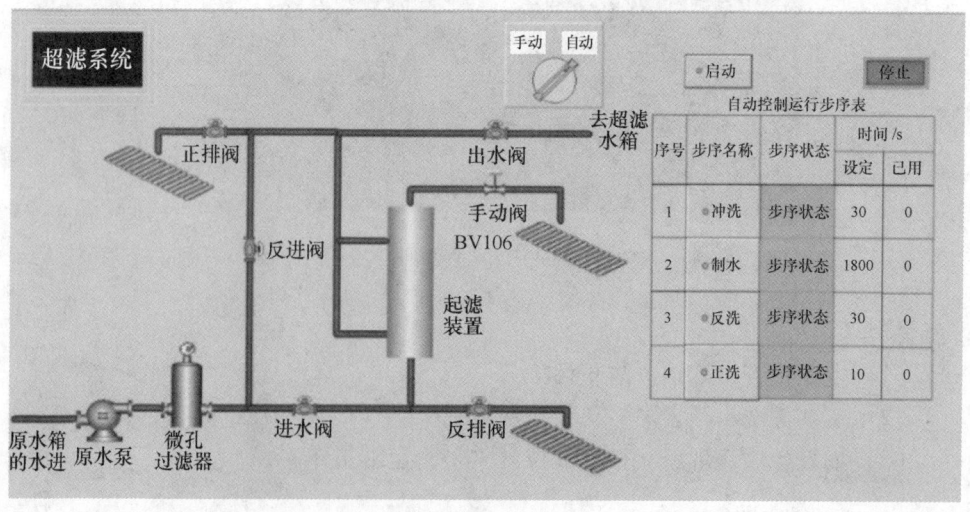

图 3-5　超滤装置系统

超滤膜的进水压力及产水流量，当压力大于 0.5MPa 时或产水流量小于 1.5t/h 时，需要进行化学清洗；超滤运行一般为全流量过滤，也可进行错流过滤。

超滤系统手动操作步骤如下：

（1）登录用户权限 001。

（2）打开手动阀"BV103""BV104""BV105"（见图 1-1），如需错流过滤，"BV106"调整适当的开度。

（3）将触摸屏上的"MBV102""MBV105"打开，打开原水泵，此操作为正洗。

（4）将触摸屏上"MBV102""MBV106"打开，打开原水泵，此操作为产水。

（5）将触摸屏上的"MBV103""MBV104"打开，打开原水泵，此操作为反洗。

（6）上述步骤需要切换时，按照"先关泵，后关阀"的原则进行操作。

超滤水箱需定期检查、清洁，防止污染；定期擦洗水箱表面，防止积灰；如发生溢流现象，检查液位开关是否正常工作。

3.3.4 前处理系统操作步骤

3.3.4.1 自动控制

（1）将手动阀"BV101""BV103""BV104""BV105""BV106"打开。

（2）在触摸屏上面选择自动模式，按启动键即可自动运行。

（3）系统会根据原水箱、超滤水箱的液位，自动进行补水操作。

3.3.4.2 手动控制

（1）先登录用户权限 001，然后在触摸屏上选择手动模式。

（2）将手动阀"BV101""BV103""BV104""BV105""BV106"打开。

（3）将触摸屏上的"MBV102""MBV105"点击开启。

（4）将触摸屏上的"原水泵"点击开启。

（5）持续 30s 后，将触摸屏上的"MBV106"点击打开，等待 10s 后点击关闭"MBV105"，超滤系统进入产水阶段。

（6）产水阶段运行 30min 后，将触摸屏上的"MBV103""MBV104"点击打开，等待 10s 后关闭"MBV102""MBV106"，超滤系统进入反洗阶段。

（7）反洗阶段持续 1min 后，将触摸屏上的"MBV102""MBV105"点击打开，等待 10s 后关闭"MBV103""MBV104"，超滤系统进入正洗阶段。

（8）持续 30s 后，将触摸屏上的"MBV106"点击打开，等待 10s 后关闭"MBV105"，超滤系统再次进入产水阶段。

3.4　预处理系统运行操作

3.4.1　RO 送水泵

　　RO 送水泵是预脱盐系统运行的启动泵，可以采取自动或手动两种控制方式。自动控制模式时，RO 送水泵根据超滤水箱液位及预脱盐水箱液位自动启停。超滤水箱低于低液位时，RO 送水泵停止运行；预脱盐水箱低于中液位，RO 送水泵启动。

　　手动控制时应首先选择一个预脱盐系统，一级 RO 或纳滤系统（手动操作见本节），然后按照下列步骤操作：

　　（1）先将手动阀"BV201"及"BV202"打开，如图 1-1 所示。

　　（2）点击触摸屏上的"RO 送水泵"，至打开状态，此时水泵将不受液位控制启动。

　　（3）注意事项：

　　1）在水泵运转时，经常检查水泵运行噪音及电机温度，发生异常联系制造商；

　　2）泵用电机不需保养；

　　3）超滤水箱没水时，请不要手动启动，以免对水泵造成损坏。

3.4.2　全自动活性炭过滤器

　　全自动活性炭过滤器（见图 3-6）采用自动多路阀控制，桶内装载活性炭50kg，处理流量 2.0t/h，操作流程如下：运行（1~2d）→反洗（30min）→正洗（10min）→运行。

　　注意事项：

　　（1）活性炭滤材至少每年更换，更换时检查桶内上、下层集散水器有无破损。

　　（2）如果发生停电，需重新设定清洗时间。

　　（3）定期擦洗表面，防止积灰。

　　（4）参考多路阀说明书进行维护。

　　（5）活性炭过滤器的反洗是自动的，根据设定的时间，自动切换。

　　（6）如果预脱盐系统没有处于自动状态，需要手动操作，将自动多路阀手动切换至反洗状态，打开 RO 送水泵，根据自动多路阀的运行情况，持续一段时间后，关闭 RO 送水泵。

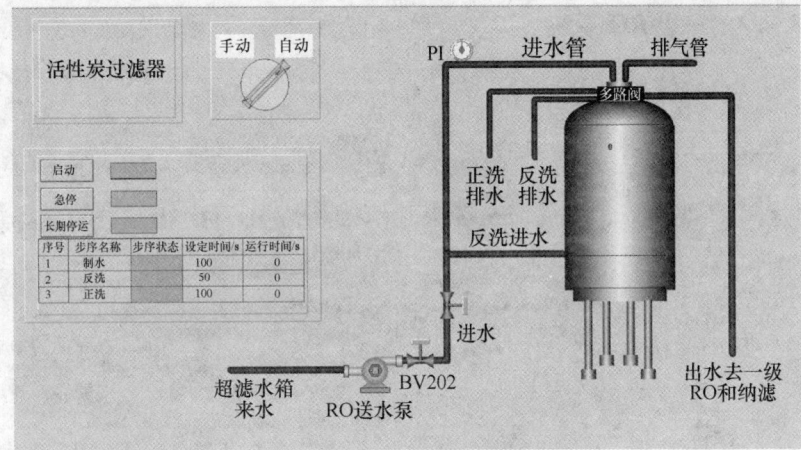

图 3-6 全自动活性炭过滤器

3.4.3 保安过滤器

保安过滤器（见图 3-7），是为了保护反渗透系统及纳滤系统设计的微孔过滤器，滤芯为 20mm×5μm×3，处理流量为 2.0t/h。使用过程中应根据自来水水质状况，定期监测进出口压差；保安过滤器一般使用 1～3 个月或压差升高至 0.05MPa 时就需更换。

图 3-7 保安过滤器

3.4.4　一级 RO 系统

RO 系统如图 3-8 所示。

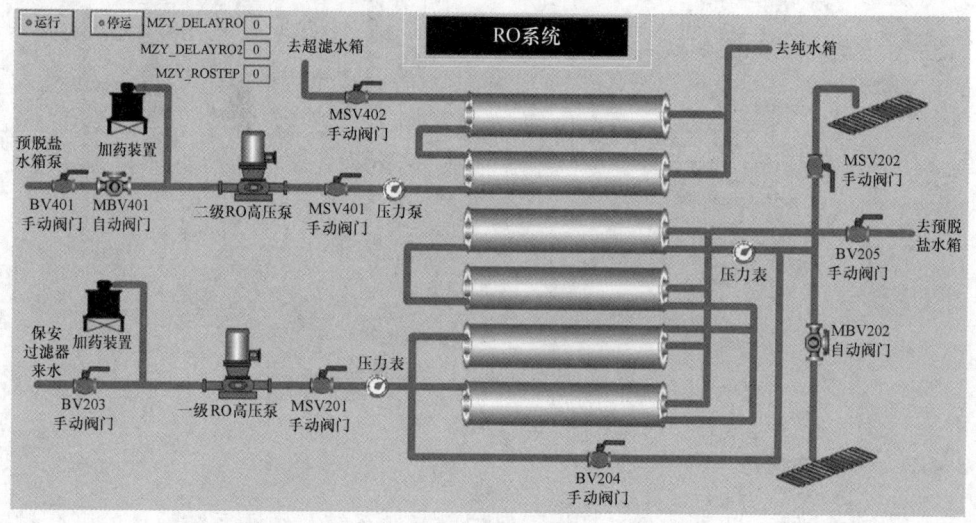

图 3-8　RO 系统

3.4.4.1　自动控制

一级 RO 产水流量为 1.0t/h，操作流程如下：快冲洗（2min）→运行（3h）→快冲洗（2min）→运行（3h）。

自动运行一级 RO 时，将手动阀"BV203""BV205"打开，调节手动阀"MSV201""MSV202"开度，在触摸屏上选择一级 RO 和纳滤系统，然后再在自动模式下，启用 RO 系统生产，如图 3-9 所示。

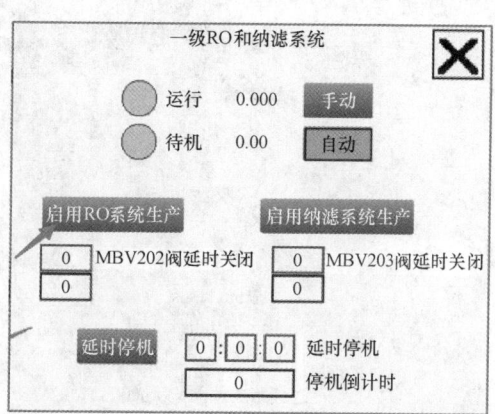

图 3-9　一级 RO 系统自动运行操作示意图

3.4.4.2 手动控制

（1）将手动阀"BV203""BV205"打开，选择一级 RO 系统，调节手动阀"MSV201""MSV202"开度。

（2）点击触摸屏上"MBV201""MBV202"至开启状态。

（3）启动"RO 送水泵"，持续 2min，关闭"MBV202"。

（4）等待 10s 后，点击"一级 RO 加药泵""一级 RO 高压泵"至开启状态。

（5）连续运行 3h 后，进行快冲洗操作（关闭"一级 RO 加药泵""一级 RO 高压泵"，打开"MBV202"），2min 后再进入产水运行状态。

（6）阻垢剂配比：1∶5（阻垢剂∶纯水）。

3.4.4.3 RO 系统清洗

A 清洗判断

（1）当发现水量锐减达 15% 以上时。

（2）当发现出口水质恶化，脱盐率下降达 15% 时。

（3）当发现 RO 各段之压差升高 15% 以上时。

（4）系统运行 3~6 个月后，以上各项有所变差时。

B RO 清洗操作程序

（1）清洗液的配制见表 3-1。

表 3-1 清洗液的配制

方式	RO 膜污染原因	适用药液	备注
1	碳酸盐结垢	2%柠檬酸溶液	用 HCl 调 pH 值：2~4
2	有机物污染及硫酸盐结垢	2%三聚磷酸钠 0.8%EDTA 溶液	用 NaOH 调 pH 值：10~11

（2）关闭原水进水阀、冲洗排水阀、产水阀、浓缩水排水阀。

（3）连接并开启清洗液进入阀及清洗液回水阀。

（4）确认所有开关阀位置无误时，启动清洗泵。

（5）pH 值控制在 2~11，清洗泵运转压力 0.2~0.3MPa（如压力超出此值可调整定压阀使之降低）。

（6）清洗液循环清洗 RO 膜，约 30min，浸泡 1h，然后继续循环 30min。

（7）使用清水冲洗，直至出水 pH 值与进水相同即可。

3.4.4.4 RO 长期停机维护

（1）当 RO 系统暂停使用一周以上时，系统应以 1% 的亚硫酸氢钠溶液浸泡，防止细菌在膜表面繁殖。

（2）RO 清洗箱内注入 1% 的亚硫酸氢钠溶液。

（3）开启清洗液进入阀及回水阀，将清洗液导回清洗箱，依清洗步骤开机循环操作 30min。

（4）关闭电源及所有阀门。

（5）浸泡后，重新启动 RO 系统，务必将清洗液冲洗彻底，操作程序请参照上述说明。

3.4.4.5 注意事项

（1）RO 送水泵需先启动，待 RO 入口的低压开关解除保护时，才能启动 RO 高压泵。

（2）定期以余氯测试液，检测 RO 系统入口余氯含量，余氯含量应为 0，以免造成 RO 膜氧化，若余氯超标，需更换活性炭，或在超滤系统投加亚硫酸氢钠，以免 RO 膜受损。

（3）纯水流量维持在设计量程内，切勿任意调高出水压力，以增加流量。

（4）本系统 RO 高压泵是以压力开关之设定值保护，即供水低压或水量不足时自行跳脱，若压力开关设定值产生变化，以致不能保护 RO（低于 0.05MPa）时，需进行调整。

（5）纯水水质出现异常时，先确定一级 RO 脱盐率是否在设计范围内，再对 RO 系统进行进一步诊断。

（6）定时添加阻垢剂。

3.4.5 纳滤系统

3.4.5.1 自动运行

纳滤系统产水流量为 1.5t/h，如图 3-10 所示，其他设计规范同一级 RO，自动运行时，将手动阀"BV206""BV208"打开，调节手动阀"MSV203""MSV204"开度；在触摸屏上选择一级 RO 和纳滤系统，然后再在自动模式下，启用纳滤系统生产，如图 3-11 所示。

3.4.5.2 手动控制

（1）将手动阀"BV206""BV208"打开，选择纳滤系统，调节手动阀"MSV203""MSV204"开度。

（2）点击触摸屏上自动阀"MBV201""MBV203"，至开启状态。

（3）启动"RO 送水泵"，持续 2min。

（4）关闭"MBV203"，等待 10s 后，点击"纳滤增压泵"至开启状态。

（5）连续运行 3h 后，进行快冲洗操作（关闭"纳滤增压泵"，打开"MBV203"），2min 后再进入产水运行状态。

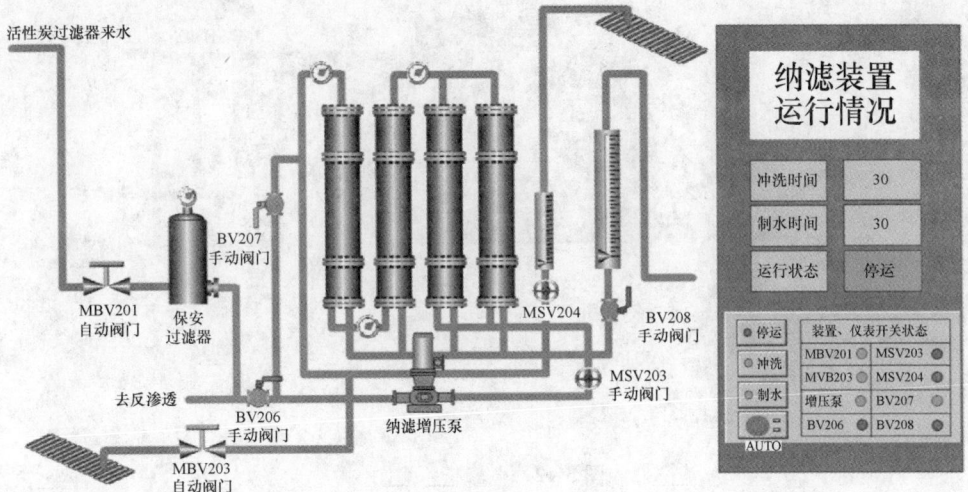

图 3-10　纳滤系统

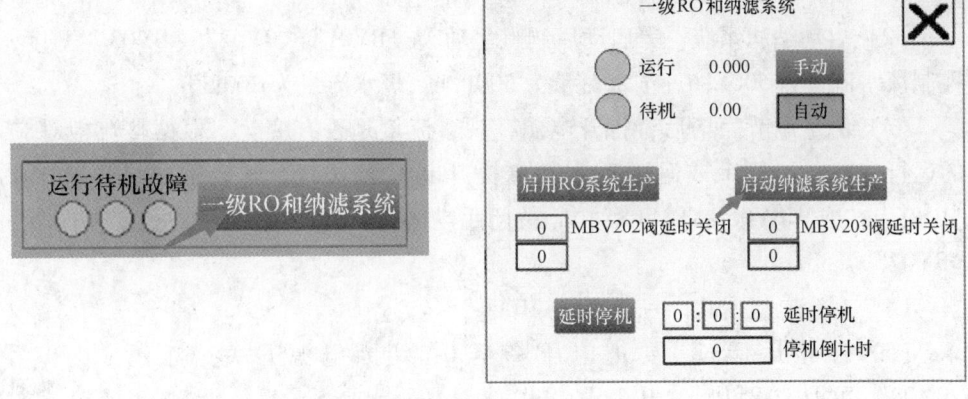

图 3-11　纳滤系统自动运行操作示意图

3.4.5.3　纳滤系统清洗及停机保护

纳滤系统清洗、长期停机保护操作流程，以及注意事项参考一级 RO 系统。

3.4.6　电渗析系统

电渗析装置排列方式为二级四段，产水流量为 0.5t/h，如图 3-12 所示，操作流程如下：手动冲洗(2min)→运行(2~4h)→倒换电极→运行(2~4h)。

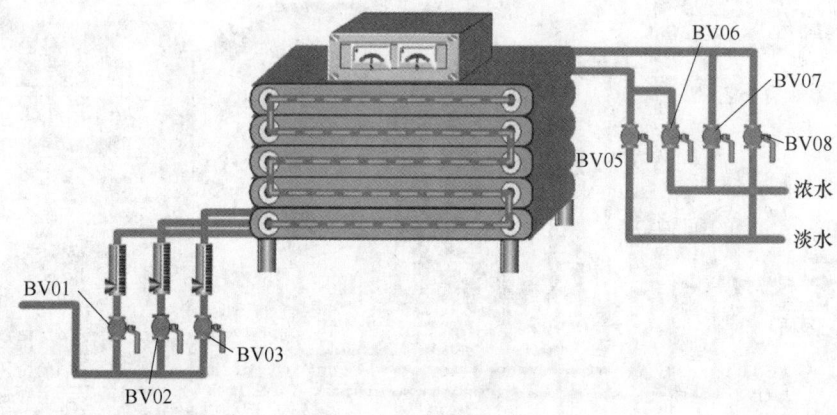

图3-12   电渗析示意图

3.4.6.1   手动运行

（1）将手动阀"BV01""BV02""BV03""BV07""BV08"打开，保持"BV05"和"BV06"为关闭状态。

（2）启动纳滤系统，等启动后调整手动阀"BV01""BV02""BV03"开度，控制淡水流量为500L/h，浓水流量为500L/h，极水流量为200L/h。

（3）流量调节完毕后，打开电源，观察流量是否有变化，根据整流柜对应的运行状态（运行1或运行2），缓慢提升电压至100V，开启手动阀"BV05""BV07"（或"BV06""BV08"），关闭手动阀"BV06""BV08"（或"BV05""BV07"）。

（4）观察电流变化，一般在5~10A。

（5）停止运行时，要把电压降至0，切断电源开关，打开"BV07""BV08"，关闭"BV05""BV06"。

3.4.6.2   倒换电极

（1）一般人工倒换电极为2~4h。

（2）调换电极时，打开"BV07""BV08"，关闭"BV05""BV06"，然后将电压调节为0，操作换相开关，切换为运行2或运行1，缓慢提高电压调节至100V。

（3）开启手动阀"BV06""BV08"（或"BV05""BV07"），关闭手动阀"BV05""BV07"（或"BV06""BV08"）。

3.4.6.3　电渗析清洗

A　清洗判断

（1）当发现水量锐减达 15% 以上时。

（2）当发现出口水质恶化，脱盐率下降达 15% 时。

（3）系统运行 0.5~1 个月后，以上各项有所变差时。

B　清洗操作程序

（1）药液的配置见表 3-2。

表 3-2　药液的配置

方式	膜污染原因	适用药液	备注
1	碳酸盐结垢	3%盐酸溶液	酸洗 1~2h
2	有机物污染及硫酸盐结垢	9%氯化钠 1%氢氧化钠溶液	碱洗 30~90min

（2）关闭原水进水阀、排水阀。

（3）连接清洗管路，打开清洗液进入阀及回水阀。

（4）确认所有开关阀位置无误时，启动清洗泵。

（5）清洗泵运转压力约 0.1MPa（如压力超出此值可调整定压阀使之降低）。

（6）循环清洗电渗析，并维持上表所述时间。

（7）化学清洗结束后，清水冲洗，直至出水 pH=4~5。

3.4.6.4　注意事项

（1）开机应先通水，后通电；停机时应先停电，后停水。

（2）开机或关机时，要同时开启浓、淡、极水阀，以保证膜两侧受压均匀。

（3）要缓慢打开、关闭阀门，防止突然升压或降压导致隔板变形。

（4）电渗析通电后，切勿碰摸膜堆，以免触电。

（5）进电渗析浓、淡水的操作压力一般为 0.1~0.15MPa，最高不得超过 0.2MPa。

（6）电渗析运行过程中要注意环境卫生，通电后膜堆上禁止放铁器物品，防止短路，开机前或停机后，对电渗析泵体进行一次冲洗，保持内部清洁。

3.4.6.5　电渗析停机操作维护

（1）电渗析运行一段时间后，应尽可能保证停机时间不超过两个月，否则每周需通水两次，防止膜堆干燥变形。

（2）整流器要防尘、防潮。

3.4.7　预脱盐系统操作

3.4.7.1　一级 RO 系统

（1）将手动阀"BV201""BV202""BV203""BV205"打开。

（2）在触摸屏上面选择自动模式，按启动键即可自动运行。

（3）系统会根据超滤水箱、预脱盐水箱的液位及活性炭过滤的运行状态，自动进行补水操作。

3.4.7.2　纳滤和电渗析

（1）将手动阀"BV201""BV202""BV206""BV208"打开。

（2）按照电渗析操作流程打开淡水、浓水、极水阀门。

（3）在触摸屏上面选择自动模式，按启动键即可自动运行。

（4）系统会根据超滤水箱、预脱盐水箱的液位及活性炭过滤的运行状态，自动进行补水操作。

注：需要手动关闭时，请按"先关泵、电渗析，后关阀"的原则进行操作；电渗析倒极操作只能手动控制。

3.5　纯水制备系统运行操作

3.5.1　预脱盐水泵

预脱盐水泵可以采取自动或手动两种控制方式。

3.5.1.1　自动控制

（1）在触摸屏上面选择自动模式，按启动键即可自动运行。

（2）预脱盐水泵根据预脱盐水箱液位及纯水箱液位自动启停。预脱盐水箱低于低液位时，预脱盐水泵停止运行；纯水箱低于中液位，预脱盐水泵启动。

3.5.1.2　手动控制

（1）先将手动阀"BV302"和"BV303"打开，如图1-2所示。

（2）将触摸屏上的"预脱盐水泵"点击打开，水泵将不受液位控制启动。

3.5.1.3　注意事项

（1）在水泵运转时，经常检查水泵运行噪声及电机温度，发生异常联系制造商。

（2）泵用电机不需保养。

（3）预脱盐水箱没水时，请不要手动启动，以免对水泵造成损坏。

3.5.2　二级 RO 系统

3.5.2.1　自动控制

二级 RO 产水流量为 0.5t/h，自动控制运行时，将手动阀"BV401""BV402"打开（见图 3-8），在触摸屏上面选择自动模式，按启动键即可自动运行。点击触摸屏"二级 RO 和阳床、阴床系统"，选择"启用 RO 系统生产"，如图 3-13 所示。

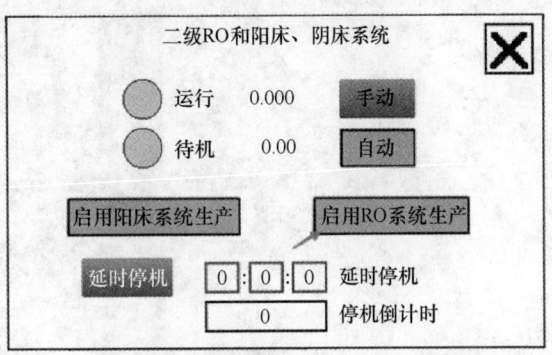

图 3-13　纳滤系统自动运行操作示意图

3.5.2.2　手动运行

（1）将手动阀"BV401""BV402"打开。

（2）点击触摸屏"MBV401"至打开状态。

（3）启动"预脱盐水泵"，确认水量足够。

（4）启动"二级 RO 加药泵""二级 RO 高压泵"，调节手动阀"MSV401""MSV402"开度，如图 3-8 所示。

（5）碱液箱内 pH 值控制在 13 左右；加药泵调节开关切记不得任意调节。

3.5.2.3　二级 RO 系统长期停机维护程序

（1）当二级 RO 系统暂停使用一周以上时，系统应以 1% 浓度的亚硫酸氢钠浸泡，防止细菌在膜表面繁殖。

（2）将亚硫酸氢钠投入清洗桶内，注入适量清水使稀释混合至 1% 浓度。

（3）连接打开药液进入阀及药洗回水阀将水导回药桶，依清洗步骤开机循环操作 30min。

（4）关闭电源及所有阀门。

（5）浸泡后再使用本系统，务必将浸泡液冲洗彻底，操作程序请参照上述说明。

3.5.3 复床系统

3.5.3.1 复床系统运行

复床系统包括阳床、脱碳器、中间水箱、阴床，产水流量为 0.5t/h，设备如图 3-14~图 3-16 所示。

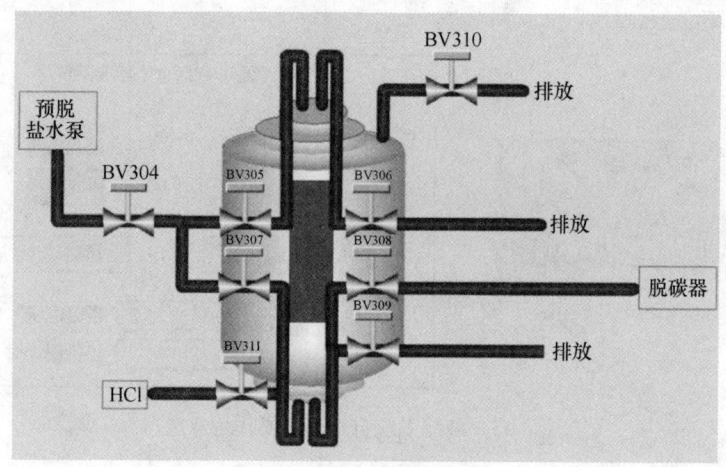

图 3-14 阳床示意图

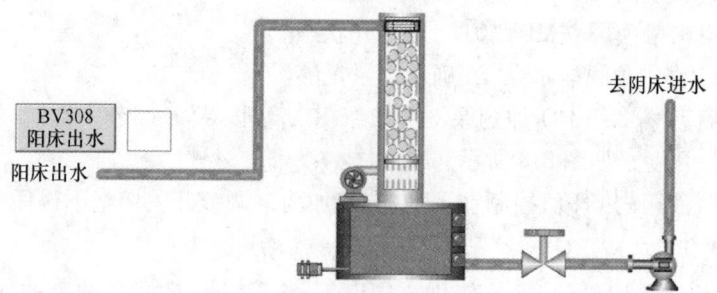

图 3-15 脱碳器示意图

复床系统阀门均为手动阀，手动运行模式操作步骤如下：

（1）开启手动阀"BV304""BV305""BV310"。

（2）点击触摸屏上的"预脱盐水泵"，启动状态。

（3）待排气阀管道有排水"BV310"，将触摸屏上的"鼓风"点击打开，开启手动阀"BV309"，关闭"BV310"；排水 1min，开启手动阀"BV308"，关闭"BV309"。

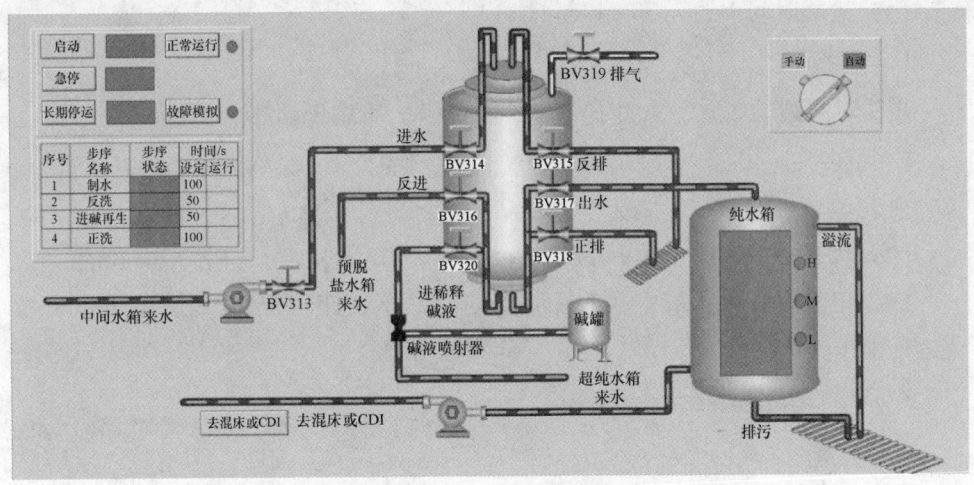

图 3-16　阴床示意图

（4）确认中间水箱的液位，高于低液位时，可运行阴床。

（5）开启手动阀"BV312""BV313""BV314""BV319"。

（6）将触摸屏上的"中间水泵"点击打开。

（7）待排气阀管道有排水"BV319"，开启手动阀"BV318"，关闭"BV319"，排水 1min，开启手动阀"BV317"，关闭"BV318"。

（8）停运时，先点击触摸屏上的泵，再关闭相应的手动阀门。

3.5.3.2　阳床再生

A　反洗

（1）将手动阀"BV306""BV307"打开。

（2）启动"预脱盐水泵"，调整出水流量至 0.5t/h，反洗 10min 左右。

（3）关闭"预脱盐水泵""BV306""BV307"。

B　放水

（1）将手动阀"BV309""BV310"打开。

（2）排水至树脂层上方 15cm 处。

（3）关闭"BV309""BV310"。

C　再生

（1）确认酸液（盐酸 36.5%）已就位，软管插入。

（2）将手动阀"BV311""BV306""BV607""BV606"打开。

（3）启动"超纯水泵"。

（4）调节"MDV602""BV606"开度，使流量计"FI20""FI21"流量分别为 50~70L/h、400~450L/h。

（5）进酸时间大约为 30~40min。

D 置换

再生时间到了之后，关闭手动阀"BV607"，继续进超纯水 30min。

E 正洗

（1）关闭"BV606"。

（2）打开"BV305""BV309"，再打开"预脱盐水泵"，正洗 10~20min。

（3）正洗完毕后，先关闭"预脱盐水泵"，后关闭"BV305""BV309"，等待运行操作。

3.5.3.3 阴床再生

A 反洗

（1）将手动阀"BV315""BV316"打开。

（2）启动"预脱盐水泵"，调整出水流量至 0.5t/h，反洗 10min 左右。

（3）关闭"预脱盐水泵""BV315""BV316"。

B 放水

（1）将手动阀"BV318""BV319"打开。

（2）排水至树脂层上方 15cm 处。

（3）关闭"BV318""BV319"。

C 再生

（1）确认碱液（氢氧化钠 30%）已就位，软管插入。

（2）将手动阀"BV320""BV315""BV605""BV608"打开。

（3）启动"超纯水泵"。

（4）调节"MDV601""BV608"开度，使流量计"FI18""FI19"流量分别为 50~70L/h、400~450L/h。

（5）进碱时间大约为 30~40min。

D 置换

再生时间到了之后，关闭手动阀"BV605"，继续进超纯水 30min。

E 正洗

（1）关闭"BV608"。

（2）打开"BV314""BV318"，再打开"中间水泵"，正洗 10~20min。

（3）正洗完毕后，先关闭"中间水泵"，后关闭"BV314""BV318"，等待运行操作。

3.6 超纯水制备系统运行操作

3.6.1 连续电除盐（CDI）系统

3.6.1.1 自动运行

CDI 产水流量为 0.5t/h，如图 3-17 所示。

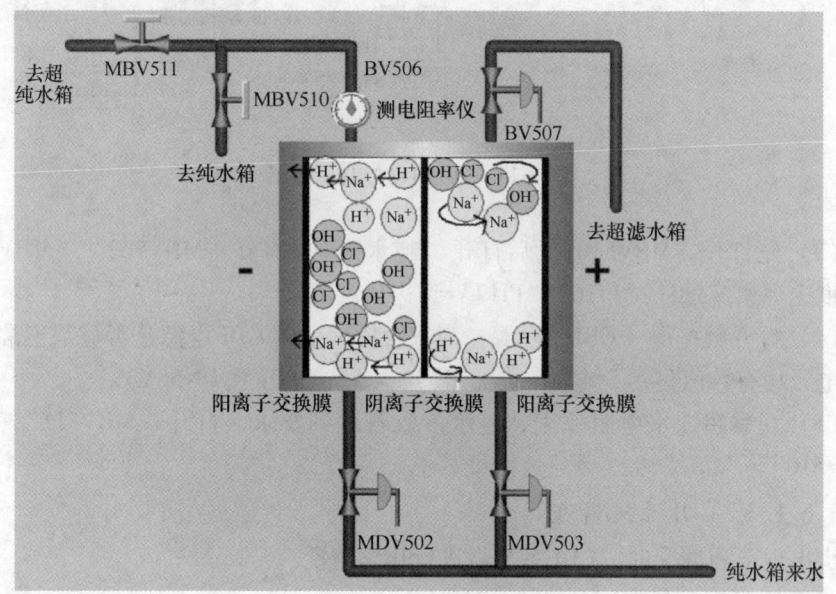

图 3-17　CDI 示意图

自动运行步骤如下：

（1）将手动阀"BV502""BV503""BV505"打开（见图 1-2），选择 CDI 系统。

（2）将手动阀"MDV502""MDV503""BV506""BV507"打开。

（3）在触摸屏上面选择自动模式，按启动键即可自动运行。

（4）点击触摸屏"混床和 CDI 系统"，选择 CDI 运行模式，如图 3-18 所示，调节"MDV502""MDV503"的开度，使流量计"FI16""FI17"到达预定流量，如图 1-2 所示。

3.6.1.2 手动运行

（1）将手动阀"BV502""BV503""BV505"打开，选择 CDI 系统。

（2）将手动阀"MDV502""MDV503""BV506""BV507"打开。

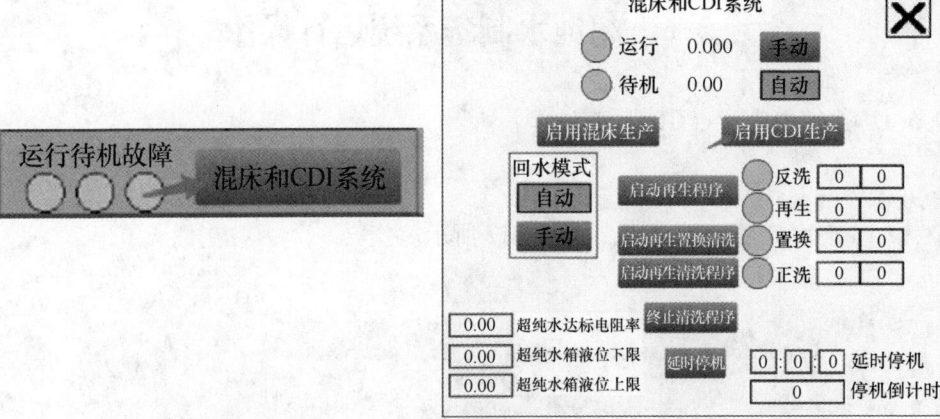

图 3-18　CDI 自动控制示意图

（3）先打开"MBV510"，后打开"纯水泵"，调节"MDV502""MDV503"的开度，观察流量计"FI16""FI17"到达预定流量。

（4）打开触摸屏"CDI"电源，观察触摸屏上的 CDI 电源是否显示正常（电流、电压均有数值显示，电流一般在 1.5~3.5A，电压在 0~55V）。

（5）观察超纯水电阻率表，显示参数若达到要求，打开"MBV511"，关闭"MBV510"。

3.6.1.3　CDI 系统清洗

当出现下列情况时，CDI 系统需进行化学清洗：

（1）当发现水量锐减达 15%以上时。

（2）当发现出口水质恶化，脱盐率下降达 15%时。

（3）浓水进水压力超过 0.35MPa 时。

化学清洗步骤包括酸洗和盐-碱清洗。

A　酸洗

a　盐酸清洗

（1）配置 2%盐酸溶液于清洗箱中。

（2）连接清洗系统管道和阀门。

（3）打开清洗泵进口阀门及旁通阀。

（4）启动清洗泵，打开药洗泵出口阀，关闭药洗泵旁通阀，调整出水和循环水流量。

（5）循环清洗 30min，在循环过程中，监测溶液的 pH 值，如果 pH 值升高，加盐酸保持 pH 值增加值在 2 左右。

（6）关闭药洗泵，监测清洗箱中清洗废液 pH 值，如果需要，中和后排空水箱。

b　盐水冲洗

配置 5% 氯化钠溶液与清洗箱中，作为冲洗液，启动清洗泵，冲洗大约 3min，关闭清洗泵；清洗水箱排空。

c　清水冲洗

（1）关闭清洗泵出水阀，出水管路和排放水管路直排，并将清洗设备与 CDI 模块断开。

（2）启动进水系统，缓慢启动进水阀，清水流经 CDI 模块并全部排放。

（3）冲洗残余溶液后，在 CDI 模块不加电的情况使模块工作 5min，然后缓慢地增加电压。

B　盐/碱清洗

a　清洗液循环清洗

（1）配置 5% 氯化钠和 50% 氢氧化钠混合溶液于清洗箱中。

（2）准备系统清洗，确认清洗水箱排水阀关闭。

（3）打开清洗进水阀及旁通阀，启动清洗泵。

（4）混合完毕，打开清洗泵出口阀，关闭清洗泵旁路阀，调节出水、循环水流量。

（5）循环清洗 30~60min，关闭清洗泵。

（6）监测清洗废液 pH 值，如果需要，中和后排空水箱。

b　水冲洗

（1）出水管路和排放水管路与清洗水箱断开，并且直接排放。

（2）关闭清洗泵出口阀。

（3）启动进水系统，缓慢启动进水阀，允许清水流经模块排放。

（4）冲洗残余溶液后，在 CDI 模块不加电的情况使模块工作 5min，缓慢地增加电压。

3.6.2　混床系统

3.6.2.1　自动运行

混床系统产水流量为 0.5t/h，如图 3-19 所示，阳、阴树脂比为 1：2，自动控制步骤如下：

（1）将手动阀"BV502""BV503""BV504"打开，关闭"BV505"（见图 1-2），选择混床系统。

（2）在触摸屏上面选择自动模式，按启动键即可自动运行。

（3）调整"FI15"水泵出口流量至设计流量。

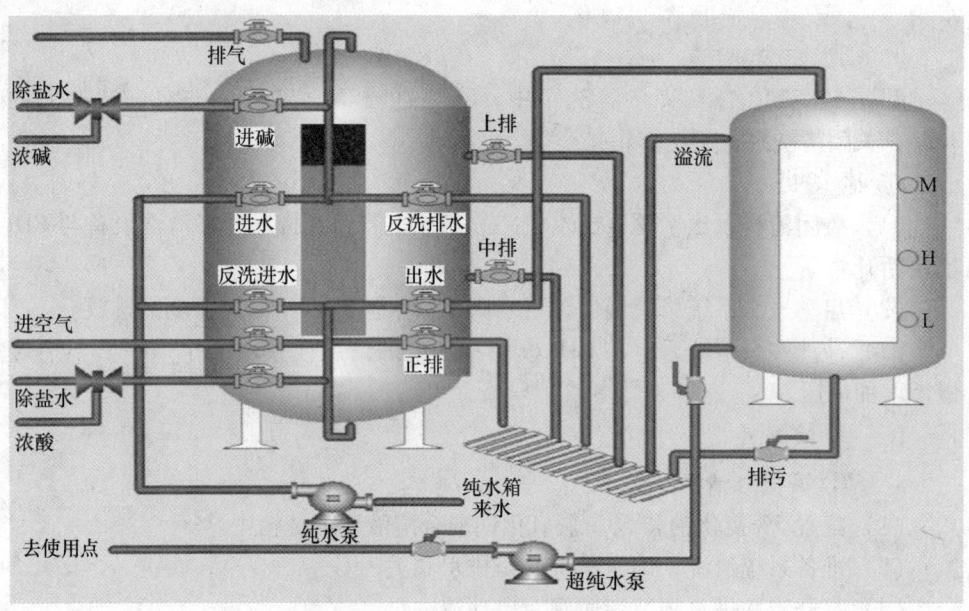

图 3-19 混床示意图

（4）点击触摸屏"混床和 CDI 系统"，选择启动混床，如图 3-20 所示。

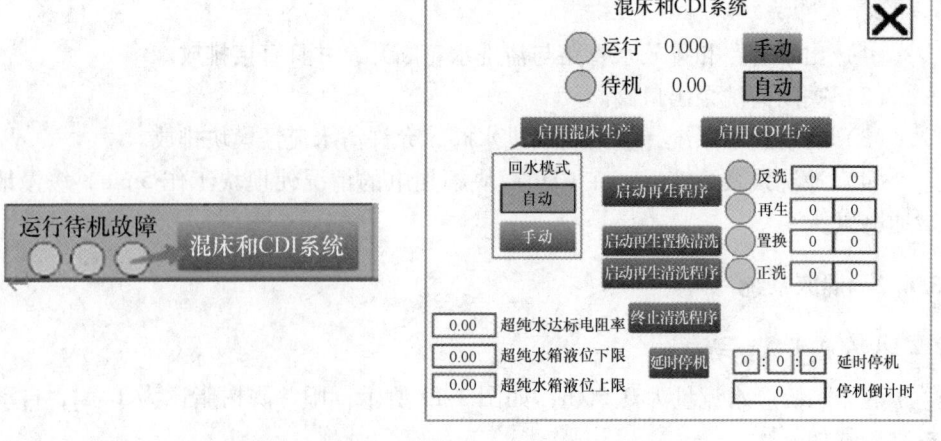

图 3-20 混床自动控制示意图

3.6.2.2 手动运行

（1）将手动阀"BV502""BV503""BV504"打开。

（2）将触摸屏上的"MBV501""MBV507"点击打开，确认纯水箱液位，高于低液位时，将触摸屏上的"纯水泵"点击打开。

（3）待排气阀管道有排水"MBV507"，将触摸屏上的"MBV505"点击打开，关闭"MBV507"；排水1min，将触摸屏上的"MBV504""MBV510"点击打开，关闭"MBV505"。

（4）观察超纯水电阻率，水质符合要求后（电阻率大于10MΩ·m），将触摸屏上的"MBV511"点击打开，然后将"MBV510"点击关闭。

3.6.2.3 再生

A 反洗分层

（1）将手动阀"BV504""MDV501"打开。

（2）将触摸屏上的"MBV502""MBV503"点击打开，点击触摸屏上的"纯水泵"。

（3）调节"MDV501"使纯水泵出水流量至0.5t/h，反洗10min左右。

（4）关闭"纯水泵"，静置一段时间后，观察树脂分层是否充分，若不充分，按照步骤（3）重来一次。

（5）分层完成后关闭"MBV502""MBV503"。

B 放水

（1）打开"MBV505""MBV507"。

（2）排水至树脂层上方15cm左右处，再关闭"MBV505""MBV507"。

C 再生

（1）确认酸液［w(HCl)=36.5%］、碱液［w(NaOH)=30%］已就位，软管插入。

（2）将手动阀"BV605""BV606""BV607""BV608"打开。

（3）将触摸屏上"MBV506""MBV508""MBV509"点击打开，启动"超纯水泵"。

（4）调节"MDV601""BV608"开度，使流量计"FI18""FI19"流量分别为50~70L/h、400~450L/h；调节"MDV602""BV606"开度，使流量计"FI20""FI21"流量分别为50~70L/h、400~450L/h。

（5）再生时间为30~40min。

D 置换

（1）再生时间到了之后，关闭手动阀"BV605""BV607"，继续进超纯水20min。

（2）置换过程结束后，依次关闭"超纯水泵""MBV506""MBV508""MBV509""BV606""BV608"。

E　排水

（1）打开"MBV505""MBV507"。

（2）排水至树脂层上方15cm左右处，再关闭"MBV505""MBV507"。

F　进气混合

（1）连接压缩空气设备，先打开"MBV507"，后调节"BV11"开度，使进气压力不大于0.2MPa。

（2）混合完毕后，关闭"BV11""MBV507"。

G　正洗

（1）打开"MBV501""MBV505"。

（2）启动"纯水泵"，正洗10~20min。

（3）正洗完毕后，先关闭"纯水泵"，后关闭"MBV501""MBV505"，等待运行操作。

注意：清洗过程中若有空气进入设备，需人工反洗排气。

3.6.3　超纯水箱

超纯水箱储存超纯水系统的产水，为后续用水点提供水源。水箱根据液位进行补水操作，当超纯水系统处于自动状态时，液位低于中位时自动进行补水，如图3-21所示。

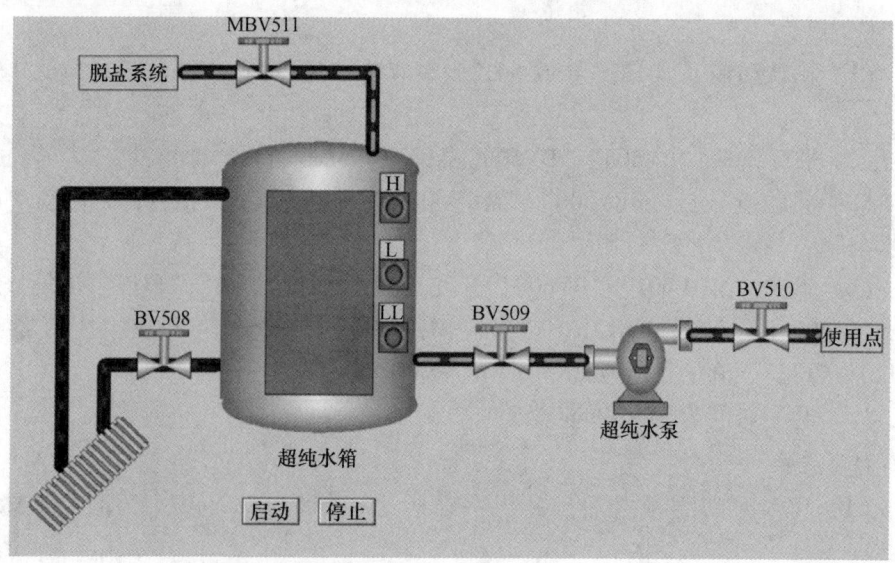

图3-21　超纯水箱

　　将超纯水输送至用水点，需要启动超纯水泵，水泵可以采取自动或手动两种控制方式。在自动模式中，超纯水泵根据超纯水箱液位自动启停。超纯水箱低于低液位时，超纯水泵停止运行，水泵采用变频控制。手动控制超纯水泵时，先将手动阀"BV509"及"BV510"打开；再将触摸屏上的"超纯水泵"点击打开，水泵将不受液位控制启动。

4 水处理系统综合训练

4.1 超滤系统实操训练

4.1.1 实训目的

（1）了解超滤装置的构造及工作原理。

（2）掌握超滤系统的手动和自动运行操作方法。

4.1.2 实训步骤

（1）在操作前，掌握超滤装置、连接管路、阀门的作用及相互之间的关系，了解超滤装置的工作原理和运行模式。

（2）向原水箱中加入约其体积50%以上的自来水。

（3）按照超滤系统操作步骤（见3.3.3节）进行超滤装置手动和自动运行操作。

（4）完成超滤装置制水、反洗、正洗和停运操作。

（5）分别采用错流过滤和全流过滤模式启动和运行超滤装置。

4.1.3 注意事项

（1）超滤装置运行、反洗、正洗操作时，先开阀门，再启动原水泵，停运时，先关闭原水泵，再关闭阀门。

（2）当超滤装置的进口压力降低20%时，必须更换超滤前的精密过滤袋。

（3）超滤系统要定期杀菌，可采用 $500\sim1000mg/L$ 次氯酸钠溶液循环清洗或浸泡 $0.5h$。

4.1.4 思考题

（1）超滤装置在整个超纯水制备系统中的作用是什么？

（2）超滤装置为何需要定期反洗？

（3）错流过滤和全流量过滤分别适用于什么情况？

（4）超滤装置为何多采用中空纤维式？

4.2 污染指数 SDI 的测定

4.2.1 SDI 的测定概要

  SDI（污染指数）是反渗透系统进水水质的重要指标，表征水中悬浮颗粒、胶体和其他能阻塞各种水净化设备的物质含量。在一定压力下，待测水通过 0.45μm 的微孔滤膜，根据膜的淤塞速度来测定 SDI。

  测定 SDI 的基本方法是在直径 47mm、孔径 0.45μm 的微孔滤膜上连续加入一定压力（0.21MPa）的被测定水，记录过滤 500mL 所需要的时间 T_0（s），继续过滤 15min 后，再次记录过滤 500mL 所需要的时间 T_t（s），当水中污染物含量较高时，滤水量可以取 100mL、200mL、300mL 等，间隔时间可改为 10min、5min 等，SDI 测定装置如图 4-1 所示。

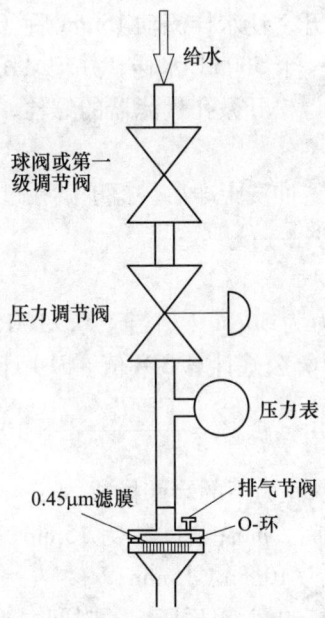

图 4-1　SDI 测定装置示意图

4.2.2 SDI 测定步骤

  （1）将 SDI 测试仪连接到 RO 系统的测试点上。

  （2）开始时，SDI 测试仪内不能放 0.45μm 的微孔过滤膜。

（3）测试仪连接完成后，打开测试仪上的阀门，让被测水直接流过测试仪冲洗数分钟。

（4）关上阀门，用专用钝头镊子把 0.45μm 的微孔过滤膜放在测试仪的膜盒支撑板上。

（5）确认 O-环完好，将 O-环准确放在滤膜上，轻轻压紧，随后将膜盒上盖，拧上螺栓，但不要太紧。

（6）将阀门打开一部分，当水流过测试仪时，慢慢旋松一个或两个螺栓，让水溢出测试仪，以逐出测试仪内的空气。

（7）确定测试仪内空气已全部排出，轻轻旋紧螺栓。

（8）完全打开阀门，将减压阀压力调节到 0.21MPa，维持该压力，关上阀门。整个测试期间，压力必须保持不变。

（9）用合适的容器收集水样本。一般采用可收集 500mL 水样的量筒。

（10）完全打开阀门，在水样进入容器时即用秒表开始计时，收集 500mL 水样后，确认所需要的时间，并记录为 T_0(s)。

（11）继续保持阀门打开，让水样流动 15min 后（包含收集初始 500mL 水的时间）。再次用容器收集另一个 500mL 水样，并记录所需要的时间 T_t(s)。

（12）关闭取样进水阀，松开微孔过滤器的螺栓，取出滤膜（作为进行物理化学分析样品）。

（13）取下 SDI 测定仪，冲洗干净后，擦干微孔过滤器和滤膜支撑孔板。

4.2.3　SDI 的计算

当测定过程中给水压力为 30psi（相当于 0.21MPa，2.1kgf/cm^2）时，将测定过程中取得的数据代入计算公式计算 SDI 值。SDI 计算式如下：

$$SDI_t = P_{30}/t = \frac{1 - T_0/T_t}{t} \times 100$$

式中　　P_{30}——在 30psi 进水压力下的堵塞指数，%；

　　　　t——总的测试时间，min；通常 t 为 15min，此时 $P_{30} < 75\%$，否则应缩短测试时间为 10min 或 5min；

　　　　T_0——第一次收集 500mL 水样所需的时间，s；

　　　　T_t——第二次收集 500mL 水样所需的时间，s。

4.2.4　注意事项

（1）如果接取 100mL 水样所需的时间超过 60s，则意味着约 90% 的滤膜面积被堵塞，此时已无需再进行实验。

（2）每次试验过程中压力、温度要保持稳定，压力波动不得超过 ±5%，水

温波动不得超过 ±1℃，否则试验取得的数据无效，需重新测定。

（3）选定收集水样量为 500mL 时，两次收集水样的时间间隔为 15min。

（4）接取 500mL 水样所需时间大约为接取 100mL 水样需时间的 5 倍。如果接取 500mL 所需时间远大于 5 倍，则在计算 SDI 时，应采用接取 100mL 所用的时间。

（5）当时间间隔为 15min 时，SDI 值最大（测试过程中膜孔完全堵塞，在 15min 后完全不产水）为 6.7，测试时间间隔为 10min 或 5min 时，最大 SDI 值分别为 10 和 20。

4.2.5 思考题

（1）SDI 的检测点应该设置在什么位置，为什么？

（2）为什么需要检测 SDI，RO 进水要求 SDI 为多少？

4.3 电渗析实验

4.3.1 实验目的

（1）了解电渗析实验装置的构造及工作原理。

（2）熟悉电渗析配套设备及其操作方法。

（3）掌握电渗析法除盐技术，计算脱盐率及电流效率。

4.3.2 实验步骤

（1）在实验前，必须了解电渗析工作原理，掌握电渗析器、控制箱、整流电源、直流电流表、换向开关和指示灯等设备、阀门、流量计、连接管路的作用及相互之间的关系。

（2）手动运行电渗析，步骤见 3.4.6 节，记录进水电导率，在进水浓度稳定的条件下，调节流量控制阀门，并保持进口压力稳定，以淡水压力稍高于浓水压力为宜。稳定 5min 后，记录淡水、浓水、极水的流量、压力。

（3）接通电源，调节操作电压至某一稳定值（例如 5V），记录电流表指示数，然后逐次提高操作电压，电流稳定后，记录指示数，绘制电压-电流关系曲线图。

（4）改变进水流量分别为 200L/h、300L/h、400L/h，重复上述实验步骤（3）。

（5）重新启动电渗析，选择任意一种电极方向，并判断淡水口和浓水口，调节操作电压为 100V，进水流量 500L/h，每隔 5min 测定进水、淡水室和浓水室出水的电导率，连续运行30min，同时记录整个过程中的电流，并判断淡水口和浓水口。按下式估算电渗析脱盐率：

$$\eta = \frac{C_1 - C_2}{C_1} \times 100$$

式中　η——脱盐率,%;

　C_1, C_2——进水、淡水出水电导率, $\mu S/cm$。

（6）改变进水流量为300L/h，重复上述实验步骤（5）。

（7）步骤详见3.4.6节进行电渗析器倒极操作，然后重复上述实验步骤（5）。

（8）实验完毕，先停电渗析器的直流电源，后停泵停水。

4.3.3　实验结果整理

（1）绘制在不同进水流量条件下，电压-电流关系曲线，在电压-电流曲线上，如果图上有两个拐点时，则应取过两拐点的切线交点处电流值为极限电流密度。

（2）电渗析器在不同进水流量下和倒极操作后，运行过程实验数据记录表见表4-1。

表4-1　实验数据记录表

项目	进水流量（300L/h 或 500L/h）/倒极操作						电流/mA
	1	2	3	4	5	6	
实验原水样的电导率 /$\mu S \cdot cm^{-1}$							
淡水出口电导率 /$\mu S \cdot cm^{-1}$							
浓水出口电导率 /$\mu S \cdot cm^{-1}$							
脱盐率/%							

4.3.4　注意事项

（1）实验前检查电渗析器的组装及进、出水管路等，确定电渗析装置的进、出水管路连接无误。

（2）电渗析器开始运行时要先通水后通电，停止运行时要先断电后断水，并应保证膜的湿润。

（3）实验刚开始出水有气泡产生，待稳定后再测量数据。

4.3.5 思考题

（1）讨论说明实验过程中正负电极对调的作用？

（2）测定极限电流密度的意义是什么？

（3）电渗析淡水出水电导率随流量如何改变，为什么？

（4）电渗析淡水出水电导率随电压如何改变，为什么？

4.4 反渗透系统脱盐实验

4.4.1 实验目的

（1）熟悉反渗透系统工艺组成。

（2）掌握反渗透膜分离的操作技能。

（3）反渗透系统运行的主要工艺参数。

4.4.2 实验步骤

（1）在实验前，必须了解反渗透工作原理，掌握反渗透系统中组件组合形式，掌握相关设备、阀门、流量计、连接管路的作用及相互之间的关系。

（2）接通自来水与预处理系统，运行预处理系统，步骤见3.3.4节，确定超滤水箱水位在1/2以上。

（3）打开手动阀"BV203"，选择一级 RO 系统，按照3.4.4节中手动运行步骤启动一级 RO 系统。

（4）监测反渗透淡水出水电导率，水质稳定后，记录反渗透产水电导率值，同时记录浓缩液、透过液流量，按下式估算反渗透脱盐率和回收率：

$$\eta = \frac{C_1 - C_2}{C_1} \times 100$$

式中　　η——脱盐率，%；

　C_1，C_2——进水、淡水出水电导率，$\mu S/cm$。

$$Y = \frac{Q_{V,f} - Q_{V,b}}{Q_{V,f}} \times 100$$

式中　　　Y——回收率，%；

　$Q_{V,f}$，$Q_{V,b}$——进水、浓水流量，L/h。

（5）调节进水流量阀，重复第（3）操作步骤，比较 3 个不同流量下一级反渗透产水的水质变化。

（6）确定预脱盐水箱水位在 1/2 以上，按照 3.5.2 节中手动运行步骤启动二级 RO 系统，监测二级反渗透淡水出水电导率，水质稳定后，记录产水电导率值，计算脱盐率。

（7）按照 3.4.4 节和 3.5.2 节中手动运行操作，停运反渗透系统。

4.4.3　注意事项

（1）活性炭装置冲洗 5~8min 后方可送入反渗透系统，避免污染系统。

（2）实验前确定加药箱中的液位，保证运行期间阻垢剂和碱液量充足。

（3）启动增压泵时，反渗透系统送水管道必须充满进水，以防增压泵空转导致设备损坏。

（4）管道如有泄漏，应立即切断电源和进水阀，待更换管件或用专用胶水黏结后（胶水黏结后需固化 4h）方可使用。

4.4.4　思考题

（1）对比反渗透与离子交换脱盐技术，说明反渗透系统优点。

（2）反渗透膜组件受污染后，反渗透系统运行有哪些特征？

（3）二级反渗透进水为何需要加碱液调节 pH 值？

（4）反渗透采用多级多段组合的原因是什么？

4.5　离子交换器运行与再生实验

4.5.1　实验目的

（1）掌握一级复床、混床除盐装置的运行和停运操作方法。

（2）掌握阳床、阴床、混床再生过程。

4.5.2　实验步骤

（1）在操作前，掌握阳床、脱碳器、阴床、混床的构造，以及其相关连接管路、阀门的作用和相互之间的关系，了解离子交换技术除盐原理。

（2）确定预脱盐水箱中液位在 1/2 以上。

（3）按照复床系统操作步骤（见 3.5.3 节）分别完成阳床、脱碳器和阴床设备的相关操作，包括启动运行、反洗、正洗、停运。

（4）确定阳床出水取样点，在阳床运行过程中，取样测定出水酸度值，并记录数据。

（5）阴床运行过程中，监测出水电导率，并记录数据。

（6）按照混床操作步骤（见3.6.2节）完成混床设备的相关操作，包括启动运行、反洗、正洗、停运。

（7）混床运行过程中，监测出水电导率，并记录数据。

4.5.3 注意事项

（1）离子交换器反洗过程中，注意反洗阀门开度不宜过大，控制反洗流速，以防树脂溢漏。

（2）手动启动设备时，应先开阀门再开泵，停运时，先关闭进水泵，再关阀门。

（3）设备停运后，及时关闭底部排水阀，以防液面低于树脂层。

4.5.4 思考题

（1）离子交换树脂再生过程中再生液浓度、再生流速对再生度有什么影响？

（2）为何阳床出水要测酸度值？

（3）与CDI技术相比，混床除盐有什么优点？

（4）为何树脂再生置换用水要用超纯水？

5　自动控制系统

5.1　自动控制系统概述

自动化一般包括自动检测系统、自动信号系统和连锁保护系统、自动操纵及自动开停车系统和自动控制系统等。

（1）自动检测系统：利用各种检测仪表对主要工艺参数进行测量、指示记录的系统。

（2）自动信号和连锁保护系统：当工艺参数超过允许范围，事故即将发生以前，信号系统能自动发出声光信号，提醒操作人员采取措施；如果达危险状态，连锁操作安全阀、停车等安全保护装置。

（3）自动操纵及自动开停车系统：按照预先规定好的步骤，自动操作生产设备。减轻操作工人的重复性体力劳动。

（4）自动控制系统（automatic control systems）：是在无人直接参与下可使生产过程按期望规律或预定程序进行的控制系统。

5.2　自动化名词

自动控制：指在没有人的直接参与下，利用控制装置，对生产过程进行自动地调节和控制，以保证对应的工艺参数在设定值。

自动控制是在人工控制的基础上产生和发展起来的。了解自动控制必须从分析人工控制开始。

人工控制：指运行人员根据对生产过程参数变化原因的分析，手动操作某一阀门、挡板、电机，改变流入量或流出量，使参数恢复到给定值。

人工进行水位控制的过程：

（1）检测。通过眼睛观察水箱水位的高低和变化趋势。

（2）运算、决策。大脑对眼睛看到的实际水位和根据工艺要求的水位给定值进行比较，得出偏差的大小和正负方向，依据操作经验思考、决策，发出操作命令。

（3）执行。操作者接收到大脑发出的命令，由手操作进水阀或出水阀，从而保证水位回到给定值。

人工控制通常的过程是先通过眼睛、鼻子、耳朵等感测现场信号，经过脑子的判断思考后，由手脚去执行命令。

自动控制系统主要由被控对象、测量装置、控制器和执行器 4 个部分组成。

被控对象：将要控制其工艺参数的生产设备或机器称为被控对象。图 5-1 中水位所在的水箱即为被控对象。

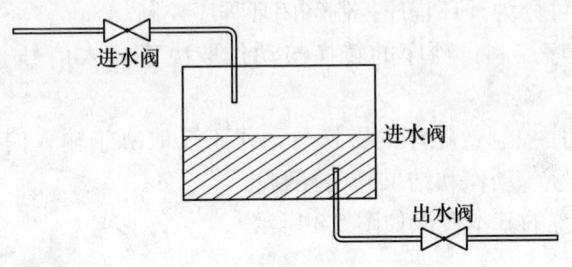

图 5-1　水位控制示意图

测量装置：指将被控变量转换为电信号或数字信号的装置。常见的测量装置有压力变送器、流量变送器、温度传感器、电导率表、pH 值表、磷酸根表、硅表等。

控制器：接收测量装置的被控量信号，与工艺要求的设定值进行比较得出偏差，并按工艺的规律计算后，输出信号送执行器。

执行器：接收控制器送来的输出信号，改变被控介质的大小，从而将被控变量维持在要求的数值上或一定范围内。

自动控制系统的方块图（见图 5-2）：是从信号流的角度出发，将组成自动控制系统的各个环节用信号线相互连接起来的一种图形。

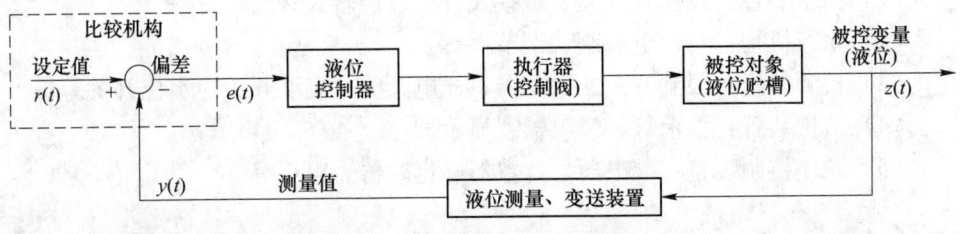

图 5-2　自动控制系统的方块图

被控变量：在生产过程中要求保持一定数值（或按某一规律变化）的工艺变量。图 5-1 中水位为被控变量。

控制变量：受执行器控制用以使被控变量保持一定数值的物料或能量称为控制变量或操纵变量，如图5-1所示的进水流量或出水流量。

干扰：除控制变量以外，作用于对象并引起被控变量变化的一切因素。

设定值（给定值）：工艺规定被控变量所要保持的数值，图5-2中水箱中期望水位为设定值。

偏差：设定值与测量值之差。

程序控制又称为顺序控制，以开关量控制为主。

程序控制又可分为开环程序控制和闭环程序控制。

（1）开环程序控制：顺序的转换与动作取决于输入信号，而与动作结果无关。

（2）闭环程序控制：顺序的转换与动作不仅取决于输入信号，而且受生产现场来的反馈信号（动作和结果）的控制。

程序控制系统的基本概念如图5-3所示。

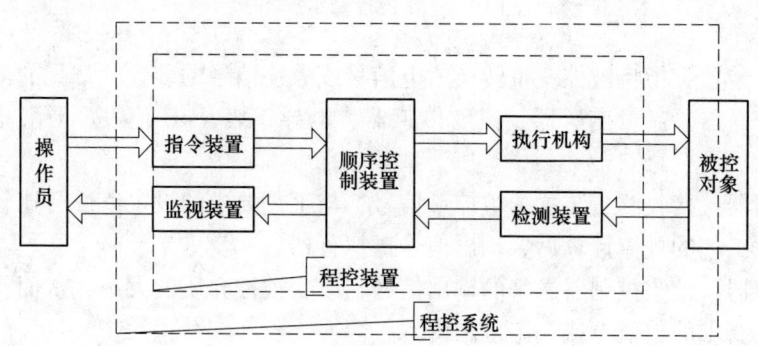

图5-3 程序控制系统的基本概念框图

程序控制的主要控制部件：

（1）指令装置：按压式开关、触摸式开关、旋转式开关等。

（2）执行机构：泵、电磁阀、调节阀等。

（3）检测装置：限制开关、电位器、光电开关、温度开关、水位开关等。

（4）监视装置：指示灯、蜂鸣器、显示器。

（5）顺序控制装置：继电器、计数器、定时器、PLC等。

5.3 水处理控制系统概述

随着火力发电厂单机容量的不断增大，系统越来越复杂，运行中，特别是机组启停及事故处理过程中，需要根据许多参数及运行条件的综合判断，及时进行复杂的操作。人工操作工作量大，操作人员个体差别大，非常容易出错，必须采用程序控制技术来实现自动控制。

电厂化学水处理控制包括凝结水精处理、锅炉补给水处理、废水处理系统的控制，以开关量的顺序控制为主。

随着火电厂单机容量越来越大，对水处理品质的要求越来越严格，水处理工艺系统越来越复杂，控制操作的内容和步骤越来越多，靠操作员手工去操作劳动强度高、时间长、个体差异大、容易出错，因此必须实行自动控制。

早期水处理以继电器为主要元件实现自动控制，继电器控制元件多、接线多、控制柜体积较大、施工工作量大、施工周期长、调试复杂、故障点多、修改逻辑困难。20 世纪 80 年代，可编程序控制器 PLC 取代了继电器为基础的控制系统。主要有以下原因：

（1）大机组控制要求的时间响应快，控制精度高，可靠性高。PLC 运算速度快，定时、计数精度高，具有通信功能，易与 DCS 接口。

（2）PLC 程序能在线修改，能借助软件实现重复控制，而常规硬接线逻辑电路的控制，要使用大量的硬件控制电路，这在更改方案时，工作量相当大，有时甚至相当于重新设计一台新装置。

（3）PLC 平均无故障时间（MTBF）长，抗干扰能力强，控制系统结构简单，通用性强。PLC 硬件线路简单，硬件采用模块化结构，维护方便，故障恢复时间短，提高了可靠性。

（4）PLC 在编程时，使用的梯形图，类似传统的继电器控制线路图，不必使用专门的计算机语言。故易于工程应用。

（5）PLC 硬件软件可分开、进行设计调试，硬件接线少，软件设计简单，调试直观方便。设计、施工、调试的周期短。

当今电厂主要控制系统都是采用 DCS，当然也可以将化学水处理控制交由 DCS 控制，但化学水处理控制主要是对泵、风机和阀为控制对象，以开关量顺序控制为主，模拟量控制为辅；以时间控制为主，以条件控制为辅。这正是 PLC 的典型应用领域。PLC 具有结构简单、价格便宜、编程简单、通用性强等特点。DCS 硬件复杂、通用性弱、价格相对较高、维护要求高。

故现在电厂化学水处理控制一般都采用 PLC 加上位机的控制系统。PLC 负责顺序控制、逻辑控制、联锁控制、信号采集等，上位机供操作人员监视、操作、记录、历史数据查询等，上位机与 PLC 一般采用网络相连，上位机软件采用组态软件开发，运行组态软件监控管理。这种控制方式可以充分发挥 PLC 可靠性高、编程简单、价格便宜的优势，上位机可以发挥画面丰富灵活、操作监控都方便直观的优势，真正做到了强强组合，对电厂化学水处理是性价比最高的一种控制方式。

现在 DCS 与 PLC 发展的趋势是互相融合，DCS 的价格也正在下降，不同厂家的 DCS 互通越来越多，电厂化学水处理控制采用 DCS 控制也是一发展方向。

5.4　PID 图

在工艺生产流程确定以后，工艺设计应与自控设计工程师一起，共同研究确定控制方案。控制方案的确定包括工艺流程中各测量点的选择、控制系统类型的确定及有关自动信号、连锁保护系统的设计等。在控制方案确定以后，根据工艺设计给出的流程图，按其流程顺序标注出相应的测量点、控制点、控制系统及自动信号与连锁保护系统等，这就是工艺管道仪表流程图（P&ID 或 PID）。

5.4.1　PID 的概念

管道及仪表流程图 PID（Piping and Instrumentation Diagram），也就是带仪表测点的工艺流程图。PID 的设计是在工艺流程图 PFD（Process Flowsheet Diagram）的基础上完成的，是工艺专业的设计中心，其他专业（设备、机泵、仪表、电气、管道、土建、安全等）都离不开 PID 图。它是工程设计中从工艺流程到工程施工设计的重要工序，在电力、化工等行业得到广泛应用。

PID 是施工图设计阶段的核心工艺文件，是最终工艺设计的纲领性设计文件，是每个工艺操作者必须掌握的图纸。

PID 随设计阶段的深入不断完善和深化，它分阶段和版次发表。它的设计要经过初步条件版，内部审核版，供建设单位批准版，设计版，施工版和竣工版才能完成。

PID 各个版次的发表表明了工程设计进展情况，它为工艺、自控、设备、电气、通信、配管和给排水等专业及时提供相应阶段的设计信息。

5.4.2　PID 图的作用

作为机械供配管专业基本的管线布置图纸，它可以显示设备、管线之间的连接方式及顺序，还可以显示管线、阀门等配件的基本设计规格和数量。

作为电气及仪表专业基本的参考图纸，它可以显示电气及仪表设备的数量、类型和规格要求。

作为自控专业自动控制设计的基本图纸，它可以显示设备的控制方式，IO 点的数量，连锁的信号。

通用的仪表信号线和能源线的符号是细实线，如图 5-4 所示。连接线表示相连及交叉时，可采用图 5-4（a）、（b）形式。在复杂系统中，当有必要表明信息流动方向时，应在信号线符号上加箭头，如图 5-4（c）所示。

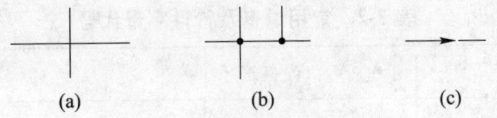

图 5-4 连接线的表示方法

(a) 交叉；(b) 相接；(c) 表示信号方向

5.4.3 PID 图包含的内容

仪表类型及安装位置的图形符号见表 5-1。

表 5-1 仪表类型及安装位置的图形符号

仪表类型	现场安装	控制室安装	现场盘装
单台常规仪表	○	⊖	⊖
DCS	◇	⬡	⬡
计算机功能	▢	⬡	⬡
可编程逻辑控制	◇	⬡	⬡

5.4.3.1 设备示意图

设备示意图是指带位号、名称和接管口的各种示意图。

5.4.3.2 管路流程线

管路流程线是指带编号、规格、阀门、管件等及仪表控制点（压力、流量、液位、温度测量点及分析点）的各种流程线。

用细实线表示仪表连接线的场合。

5.4.3.3 标注字母意义

常用设备及管件字母代号见表 5-2。

表 5-2 常用设备及管件字母代号

序号	设备符号	设备名称
1	C	压缩机
2	E	换热器
3	F	加热炉
4	P	泵
5	R	反应器
6	T	塔
7	V	容器
8	Z	其他设备
9	S	分离器
10	M	计量罐

被测变量和仪表功能的字母代号见表 5-3。

表 5-3 被测变量和仪表功能的字母代号

字母	第一位字母		后继字母	字母	第一位字母		后继字母
	被测变量	修饰词	功能		被测变量	修饰词	功能
A	分析		报警	P	压力、真空		
C	电导率		控制	Q	数量	积分累积	积分累积
D	密度	差		R	放射性		记录
E	电压		检测元件	S	速度	安全	开关
F	流量	比		T	温度		传送
I	电流		指示	V	黏度		阀
K	时间			W	力		
L	物位			Y	供选用		计算器
M	水分			Z	位置		执行机构

　　不同行业不同设计院，PID 图的表示方法不完全一样。电力设计院 PID 图与化工行业类似但不完全相同。图 5-5 描述了部分阀门、控制及执行机构、管道的 PID 图例；图 5-6 描述了部分表计的 PID 图例；图 5-7 描述了部分管道材料、管件的 PID 图例。看懂以上常见的图例就可以看懂大部分的化学工艺流程图。

阀门	
⊲⊳	截止阀
⊲⊳	蝶阀
⊡	衬胶蝶阀
⊳⊲	衬胶逆止阀(自左向右)
⊠	气开式衬胶隔膜阀
⊠	气闭式衬胶隔膜阀

控制及执行机构	
甲	气动执行机构(往复式)
凡	电磁执行机构
MK	电动执行机构

管道	
──	主系统管道
──	次要管道
─×─	压缩空气管
─/─	冷却水管
─A─	酸液管
─B─	碱液管
─Z─	自用水管
─X─	再循环管
─R─	树脂管
─H─	回收水管

图 5-5　电力设计院 PID 图例一

表计
SC　电导率表
CC　氢电导率表
pH　pH表
Na　钠表
SiO₂　硅表
O₂　溶氧表
PO₄　磷表
N₂H₄　联氨表
TU　浊度计
Cl₂　余氯表
COD　化学耗氧量表
H₂　氢表
P　压力表
ΔP　压差表
T　温度表
L　液位计
Q　流量表
V　真空表
浮子流量计
流量孔板(自左向右)
M　人工取样

图 5-6　电力设计院 PID 图例二

管道材料	
–CS	碳钢管
–SS	不锈钢管
–PP	聚丙烯管
–PE	聚乙烯管
–TE	聚四氟乙烯管
–CS/PP	钢衬聚丙烯管
–CS/PE	钢衬聚乙烯管
–CS/TE	钢衬聚四氟管

管件	
▷	异径管接头
∿	橡胶软接头
(SC)	窥视管
Y	Y形过滤器
	至排水沟
	至排水管
	排大气
	水封
	节流孔板

图 5-7　电力设计院 PID 图例三

5.4.3.4　标题

标题应注明图号、图名、设计阶段、设计公司及各种信息。

5.4.4　看 PID 的原则和方法

首先看图例。明白编号规则、文字符号、图形示例的意义，按先主后次的顺序看 PID 图，了解工艺流程。

看图的方法是：左进右出，上轻下重，有主有次，有实有虚，有总有分。

PID 仪表回路举例如图 5-8 所示。

 FE 101　FLOW ELEMENT IN THE FIELD (ORIFICE PLATE IN PROCESSLINE) 流量测量元件

 FT 101　FLOW TRANSMITTER IN THE FIELD 测量变送器

图 5-8　PID 仪表回路举例

某电厂水处理设备混床系统 PID 图举例，如图 5-9 所示。

图 5-9 中扁圆代表仪表，上半部分文字 PI 代表就地压力指示仪表；FE 代表就地流量检测孔板；PLC 为可编程控制器，如 PLC PT 代表压力变送器信号送往 PLC；PLC PdT 代表差压变送器信号送往 PLC；PLC C AT 代表分析仪表电导率变送器信号送往 PLC；PLC SiO_2 AT 代表分析仪表硅表变送器信号送往 PLC。

图中类似 00GCF10CP501 等为 KKS 编码，最早是由德国发明的用于对火电

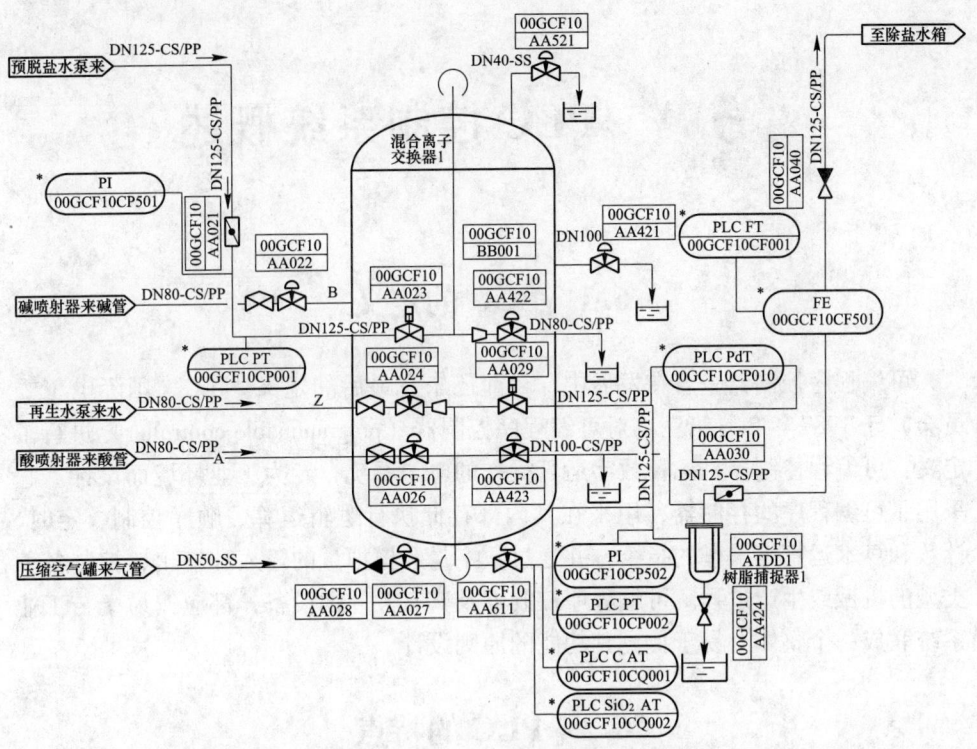

图 5-9　水处理混床 PID 图

机组设备、管道和仪表进行编码的方法，现已经成为能源电力行业的标准。KKS
编码是一种根据功能、型号和安装位置来明确标识发电厂中的系统和设备及其组
件的一种代码，利用 KKS 编码可以将全厂所有设备和仪表分类编码，都可以有
唯一编码，具有特殊意义，便于设备和仪表管理维护。

6 PLC 控制系统概述

6.1 PLC 的定义

可编程序控制器一直在发展中，目前还未有最后的定义。IEC（国际电工委员会）于 1987 年 2 月第三稿对可编程序控制器（programmable controller）进行了定义：可编程控制器是一种数字运算操作的电子系统，专为工业环境而设计。它采用了可编程序的存储器，用来在其内部存储执行逻辑运算、顺序控制、定时、计数和算术运算等操作的指令，并通过数字量和模拟量的输入和输出，控制各种类型的机械或生产过程。可编程序控制器及其有关外围设备，都应按易于与工业系统联成一个整体、易于扩充其功能的原则设计。

6.2 PLC 的特点

PLC 具有如下特点：

（1）抗干扰能力强，可靠性高。可编程控制器的可靠性主要指标是平均无故障时间 MTBF（mean time between failures）。如日本三菱公司的 F1、F2 系列的 MTBF 达 30 万小时（一年 24h×365d＝8760h），也就是 34 年连续运行不出故障。而近年来 PLC 又采用了多级冗余系统和表决系统，可靠性更高了。实际使用中可以认为 PLC 不出故障。

可编程控制系统中发生的故障，大部分是由于可编程控制器外部的开关、传感器、执行机构引起的，而不是可编程控制器本身引起的。分析 PLC 控制系统的产生故障的原因可分为外部和内部两大类。外部起因主要是由电磁干扰、辐射干扰以及由输入输出线、电源线等引入的干扰；环境温度、粉尘、有害气体的影响；振动、冲击引起的器件损坏、断线等。内部的原因主要是器件的失效、老化，存储信息的丢失或错误，程序分支的错误，条件判别的错误及运行进入死循环等。针对以上故障原因，可以从软件及硬件两方面来解决可靠性问题。

（2）控制系统结构简单，通用性强。控制系统主要考虑 PLC 有多少输入点、多少输出点。

（3）编程方便，易于使用。PLC 采用与继电器控制电路图非常接近的、电气技术人员非常熟悉的梯形图作为一种编程语言，易懂易用。普通的工人也能在很短的时间内学会使用，化学专业的人员也可以在短期培训后读懂 PLC 的程序。

PLC 还有专门的顺序控制指令、专用的 PID 指令、通讯指令等，还有专用的子程序块，编程人员有时只需进行配置，不需很深的专业知识，就可以完成常用的、复杂的、指定的功能。

PLC 除了用梯形图编程外，也可以使用功能图、流程图、高级语言、语句表等来编程，对于不同水平、不同习惯的人，都可以有自己熟悉的编程方法和工具。

（4）功能强大，成本低。

（5）系统的设计、施工、调试的周期短。PLC 的控制系统在设计、施工时可以分为硬件和软件两部分，可以交由不同人员同步进行。减少了施工量、施工周期和施工难度。

PLC 能对所控制系统在实验室进行模拟调试，缩短在现场的调试时间。同类型的借鉴，可以通过复制修改来实现，比较方便。

（6）体积小，能耗低，维修操作方便。PLC 控制系统功能的运算基本在 PLC 的 CPU 中实现，外部接线少，易于根据生产工艺的改变及时调整控制逻辑。初步设计阶段可以选定 PLC 设备，在工程实施阶段再确定具体工艺过程。只要外部输入、输出点不变，通过修改程序，同一台 PLC 控制系统可以控制几台操作方式完全不同的设备。该控制系统通用性强、实现速度快、移植方便、利用率高。

6.3　PLC 的硬件

PLC 主要由输入部件、输出部件、微处理器系统三部分组成，如图 6-1 所示。

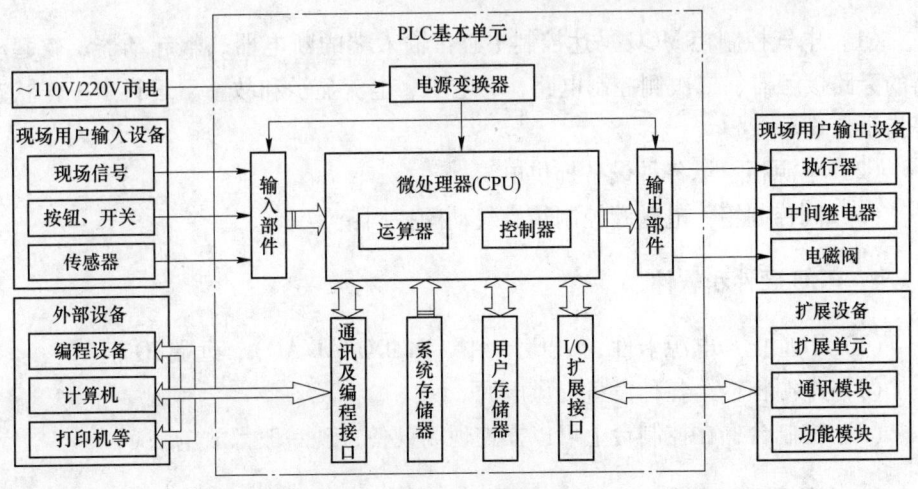

图 6-1　PLC 系统结构示意图

7 水处理控制系统硬件

7.1 水处理程控技术组成部分

7.1.1 现场测量设备

（1）开关量输入（DI）：泵的运转/停止状态，泵的远程/就地、故障；阀的全开/全关、正在开/正在关、自动/手动、开过力矩/关过力矩；液位开关、压力开关、流量开关。

（2）模拟量输入（AI）：液位计、流量、压力变送器、电导率表、硅表、Na表、pH值表、泵运转、泵电流。

7.1.2 现场执行设备

（1）开关量输出（DO）：开阀/关阀，启泵/停泵。

（2）模拟量输出（AO）：控制调节阀开度、控制泵的转速、调节水位高度。

7.1.3 电气控制柜、电源柜、阀控制箱

（1）电气控制柜 MCC 马达控制中心：输入端的断电器、软起动器、软起动器的旁路接触器、二次侧控制电路，有电压、电流显示和故障、运行、工作状态等指示灯显示。

（2）电源柜：给各种设备提供电源。

（3）阀控制箱：电磁阀控制箱、气动阀控制箱。

7.1.4 PLC 硬件和软件

（1）PLC 柜：电源卡件、CPU/卡件（DI/DO/AI/AO）、远端 IO 柜。

（2）电源柜：给各种设备提供电源。

（3）控制台：在控制台上可以操控现场设备，现一般都放电脑。

7.1.5 上位硬件和软件

（1）工控机 IPC。

（2）网络设备。

（3）组态软件。

7.2 控制系统工作过程

控制系统工作过程如下：

（1）操作员通过 CRT 通过控制层网向 PLC 的 CPU 发出控制命令。

（2）PLC 通过输出模块对设备进行开关、启停控制。

（3）同时各设备的输出状态及模拟量参数信息通过就地设备反送给 PLC 的输入模块。

（4）再由 PLC 通过控制层网上传至显示器。

（5）各个阀门、水泵等其他水处理设备可以通过显示器进行实时监控。而且上位机具有实时报警的功能，如果出现了危险状况，修理人员也能第一时间找出问题所在并快速解决问题，不需要耗费大量人员手动检查问题所在，实现了实时监控。

7.3 程控系统设计及机型选择

7.3.1 程控系统的设计步骤

程控系统设计的一般步骤如图 7-1 所示，各个单位和工程师都有自己分工合作的设计方法，如果以前做过类似的工程，软件程序设计就可以省略。

7.3.2 程控系统设计

7.3.2.1 系统硬件设计

程控系统硬件设计要根据控制对象的特点进行，先要分析控制对象的工艺要求、设备状况、控制功能、I/O 点数和种类、系统的性价比和前瞻性。

A 工艺要求

工艺要求是系统设计的主要依据，也是控制系统所要实现的最终目标。系统设计首先必须熟悉控制对象的工艺要求。不同的控制对象，工艺要求就不同。如果是单体的设备控制，工艺要求就相对简单；如果是整个工艺系统的控制，就比较复杂，除总体工艺要求外，各部分还需具体的、比较详细的工艺要求。

如凝结水精处理中，整套系统的投运、解列等为整体工艺要求。前置过滤器的反洗、混床的再生等就是部分工艺要求。这在详细设计之前必须掌握的。

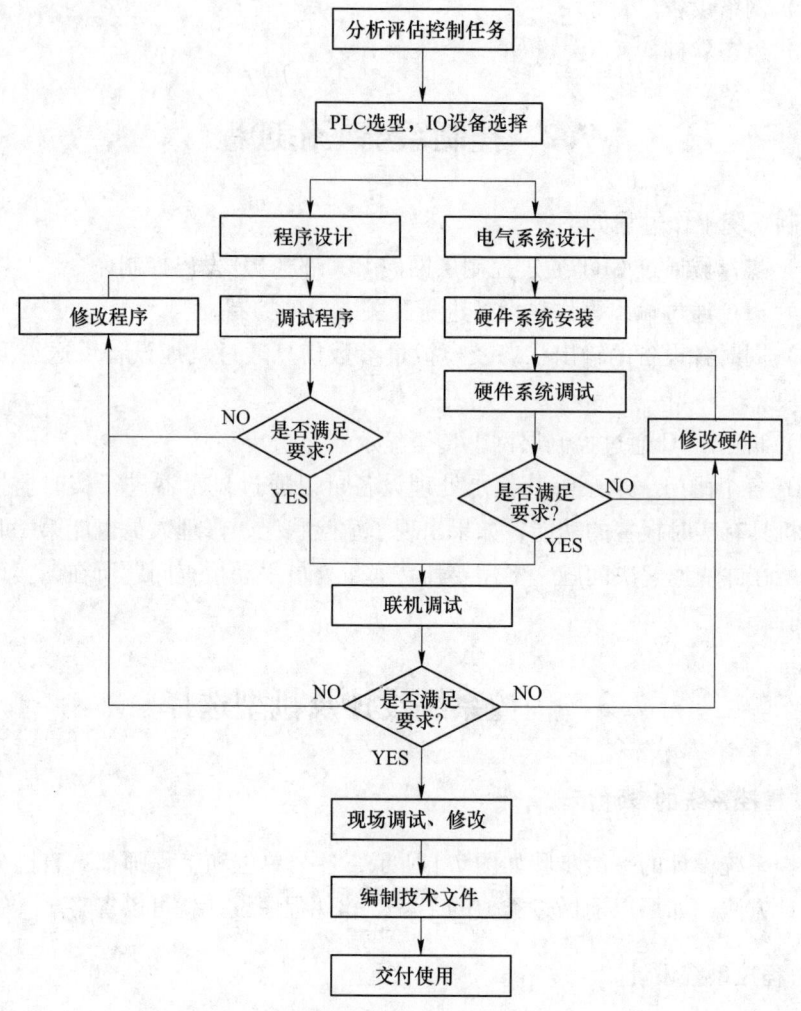

图 7-1　程控系统的设计步骤

B　设备状况

了解了工艺要求后,要进一步掌握控制对象的设备状况,各设备状况应满足工艺要求。对控制系统来说,设备又是具体的控制对象。

根据设备安全性要求,决定阀门选用常开或常闭;根据阀门使用频率确定选用手动还是自动;根据流体的特性确定选用哪种类型的阀门(如蝶阀、闸阀、球阀等);根据液体有无腐蚀确定选用隔膜阀、不锈钢阀等。

C　控制功能

根据工艺要求和设备状况确定控制系统的控制功能,是系统设计的主要依据。据此设计系统的类型、规模、机型、I/O 模板、网络。根据设备的分布状况，确定分区控制还是集中控制，是否需要远程 I/O。

D　I/O 点数和种类

根据工艺要求、使用时间、投资规模，确定自动化程度，主要考虑性价比高的方案。先是设计初步方案、估算 I/O 点数。再细化设计，统计系统 I/O 点数，分类 I/O 的类型和性质。

工艺设备与 PLC 的连接中，注意分类输入和输出、模拟量和数字量、电压类型、功率大小、智能模板等，I/O 的类型主要可以分为 DI（开关量输入）、DO（开关量输出）、AI（模拟量输入）、AO（模拟量输出），特殊的还有 FI（频率量输入，低频类似 DI，高频的是高速计数输入）、FO（频率量输出，常用 PWM 脉宽调制）。

DI 要考虑电压输入还是触点输入，直流信号还是交流信号，具体的电压、公共线等。DO 要考虑输出是继电器、晶体管、可控硅，输出直流还是交流，电压和电流。一般情况下输出选用继电器输出，但要求高速脉冲输出时，要选用无触点的晶体管，如果直接控制交流电的电炉，最好选用可控硅。

实际工程中，硬件选择种类要少，以减少备品备件，I/O 点排列按工艺过程、设备类型、距离等排列，还要考虑布线的距离，要有明确的规律，便于现场施工人员和维护人员工作。输入输出要注意隔离，输出电路中如是线圈等感性负载时，要做好续流保护，防止干扰。工程实际中一般要在统计的 I/O 点数增加 20%~30%余量，方便工艺更改、改进、扩充、维修。

E　系统的性价比和前瞻性

人类认识世界是逐步深入的，工艺技术、控制技术是不断发展的，产品会不断淘汰更新的。与微电子、集成电路紧密相关的控制系统，升级换代非常快。因而，控制系统除了考虑系统的性能、价格。还要考虑控制系统的先进性、维护性。要考虑今后备品备件的采购，如果考虑不周到，备品备件买不到，今后将无法正常维护，维护成本高，运行成本必然高。大的改造费钱、费时、费力，还会影响使用。在设计和选用控制系统时要全面考虑性能、价格，要有先进性和前瞻性。

7.3.2.2　机型的选择

A　选择多大容量的 PLC

主要考虑 PLC 的 CPU 能力，它能支持的最大点数、响应速度。适当考虑计数器、定时器、中间继电器的数量、存储空间的大小、指令系统。CPU 的速度与支持的点数是密切相关的，CPU 性能越好，CPU 的数量越多，则速度快，可支持的点数也越多。

　　实际中一般先统计 I/O 点数，再确定选用哪种规模的可编程控制器。还要考虑存储器的最大容量、可扩展性、存储器的种类（RAM、EPROM、EEPROM）。存储器容量将决定用户程序的大小。存储器的种类将决定用户保存程序和数据的时间。

　　不同种类的存储器各有特点：

　　（1）RAM 的特点是存取速度快，掉电后数据丢失，比较适合做内存。如果用作 PLC 用户程序和数据存储器，必须要使用电池或超级电容，作为外部电源断开时的后备电源。电池需要定期进行更换，换电池时操作时间不能太长；超级电容作后备电源时，要定期使用外部电源运行一段时间，这样可以给超级电容充电，长期不使用时，用户程序和数据易丢失。如西门子 S7-200 的 PLC 中设计了超级电容，在 CPU 掉电时给 RAM 供电，根据 CPU 不同，超级电容可以保存RAM 数据时间也不同，还提供附件（电池卡），可以在超级电容电量耗尽后给RAM 供电。

　　（2）EPROM 的特点是掉电后数据不会丢失，可以正常读取、速度快，但写入时需要用紫外线照射 5~10min，将数据擦除，再用专用工具提供高电压写入，写入速度慢，写入次数有限。EPROM 在 PLC 中一般只用作存储 PLC 系统程序，不提供给用户用。

　　（3）EEPROM 的特点是掉电后数据不会丢失，电可读写，读速度快，写入速度慢，写入次数受限，可以用来存储用户程序和不常改变的数据。

　　B　选择哪个公司的 PLC

　　（1）功能方面：通用的 PLC 一般都有常规的顺序控制功能，但对某些特殊要求，如运动控制、通信联网等，就要重点了解 PLC 是否有该能力，实现该功能是否方便。

　　（2）价格方面：不同厂家、不同规模、不同系列的 PLC，价格相差巨大，通用控制功能都具备，质量也都有保障。一般选用户数量比较多、性价比高、技术支持强、售后服务好的品种。

　　（3）个人喜好：PLC 的厂家和种类有几千几万种，技术人员对某种 PLC 的熟悉程度不一样，一般要选自己比较熟悉的 PLC 产品，减少摸索时间。

　　（4）国际关系：在使用国外产品时，防止国与国关系不稳定，不能及时购买到备品备件而影响生产。

　　C　PLC 的冗余配置

　　冗余配置的原理就是在系统中配置两套完全相同的 PLC，一台为工作主机，另一台作为备用，热备用机随时监控、跟踪主机的程序执行和执行结果，一旦主机发生故障，双机自动切换工作状态，原备用机自动转变为主机，原主机自动转变为备用机，新主机接着执行下一步程序，外部设备运行和网络状态不受影响，这就是双机双工热备用。重要的设备、I/O 模块也可以采用冗余配置。在比较重要的、不能中断运行的控制系统中，常采用这种双机双工热备用。电厂中的补水程控、凝结水程控系统的 PLC 都采用这种双机双工热备用。

D I/O 地址分配

I/O 地址与卡件在总线上的位置有关，还与在卡件上接线端子位置有关。小型 PLC 中，卡件插在哪个槽，卡件的地址就确定了；大型 PLC，卡件的地址一般还可以通过编程软件进行配置。

E 分解控制任务

程控系统中既有上位机又有下位机，有硬件、软件和网络等，控制的具体内容很多。设计时应该将控制任务和控制过程分解，分解成相对独立的部分，明确各部分的接口内容和界限，分工负责，任务明确，以提高设计、施工、调试人员的工作效率，缩短工程周期。

F 系统设计

系统设计分为硬件设计和软件设计，硬件设计包括电气控制原理图的设计、电气控制元器件的选择、控制柜的电气布置图的设计、控制柜的安装接线图设计。软件设计包括上位机和下位机两部分。上位机实时监测画面、操作画面和方法、数据记录、曲线显示、报表文档。下位机软件有顺序控制逻辑、报警处理、连锁。

G 系统调试

系统调试分为模拟调试和联机调试。

模拟调试可以借助 PLC 的强制功能，结合部分实际电路、设备进行调试。

7.4 电气硬件

7.4.1 原理图

机床电气原理图（见图 7-2）中电器元件重点要画出导电部件和接线端子，并画出元件间连线；元件可以展开画，且不需与实际大小和位置对应。

原理图绘制主要原则如下：

（1）电器元件的图形符号和文字符号应符号国家标准；

（2）原理图分成两部分，即主电路和辅助电路；

（3）主电路在左或上方，按动作顺序从上向下、从左到右；

（4）电器元件展开部分要统一文字，同类器件后加数字；

图区编号	1	2	3	4	5	6	7	8	9	10	11	12	13
功能说明	电源开关及保护			主电机		启停控制电路				变压器	照明及信号		

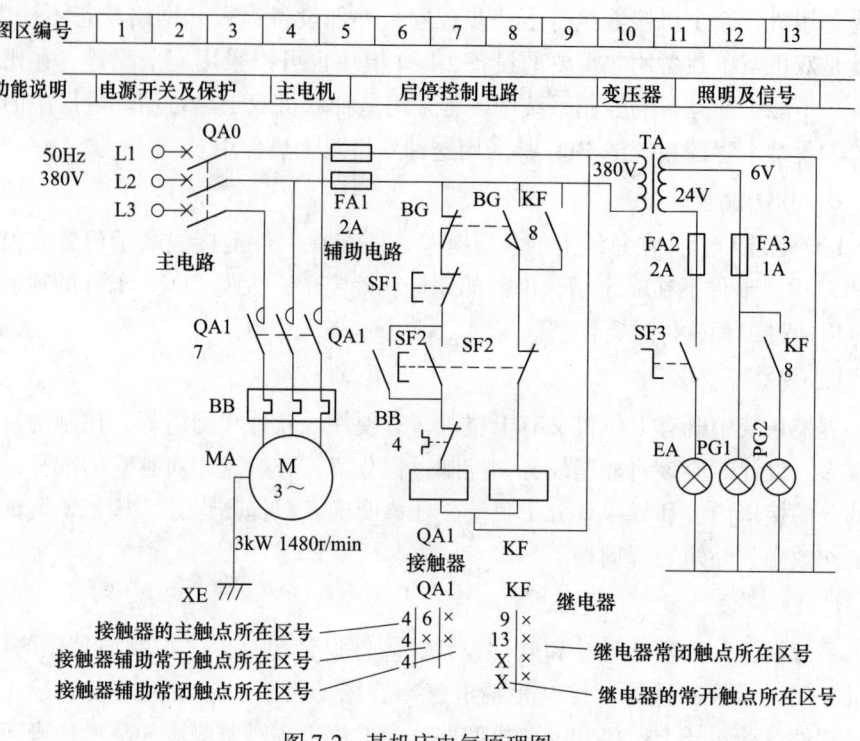

图7-2　某机床电气原理图

（5）可动部分按无电、无外力、零位等画；

（6）尽量线少，避免交叉，交叉点连接要打实心点；

（7）电器元件的图形符号可以逆时针旋转90°，文字符号不可倒置。

7.4.2　安装布置图

电器元件布置如图7-3所示，表示电气设备或系统中元器件的实际位置。基本原则如下：

（1）体积大或较重的安装在柜下部；

（2）发热器件放在上方；

（3）经常维护、操作开关、监视仪表应适宜监控人员；

（4）弱电、强电要分开走线和布置，以防止干扰；

（5）器件之间要考虑间隙和美观。

7.4.3　安装接线图

安装接线图用于安装、配线、维护和检修电器故障。安装接线图应标示出各元器件之间的关系、接线、安装和敷设位置，较复杂时应画出各端子排的接线

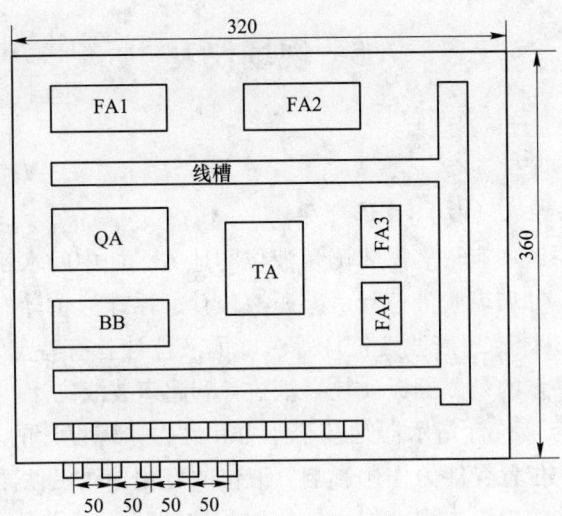

图 7-3 电气元件布置图（单位 mm）

图。绘制安装接线图应遵循的主要原则如下：

（1）按相关的国家标准执行；

（2）与电气原理图的标注要一致，同一元件要画在一起，位置应与实际安装位置一致；

（3）不在安装板上的或柜上的元件一般应通过端子排连接；

（4）走向相同或功能相同的多根导线可用单线或线束表示，连接要表明导线规格、型号、颜色、根数、穿线管的尺寸。

电气安装接线图如图 7-4 所示。

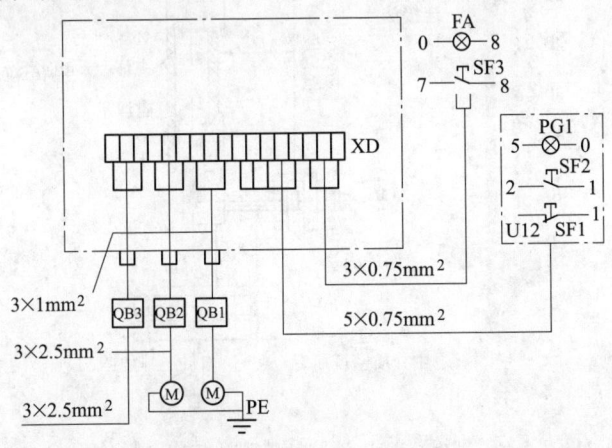

图 7-4 电气安装接线图

7.5　现场仪表

7.5.1　液位测量

7.5.1.1　磁翻板（柱）液位计原理

化学水处理系统中有很多需要测量液位的地方，如中间水箱、除盐水箱等。液位计有很多种，如玻璃管液位计、差压液位计、浮球液位计、电容式液位计、磁翻板（柱）液位计、超声波液位计等，以上液位计各有特点，针对电厂化水处理，目前应用最多的是磁翻板（柱）液位计和超声波液位计。

磁翻板（柱）液位计指示器是基于浮力和磁力原理设计的。带有磁体的浮子在被测介质中的位置受浮力作用影响。液位的变化导致磁性浮子位置的变化、磁性浮子和磁翻柱的静磁力耦合作用导致磁翻柱翻转一定角度，进而反映容器内液位的情况。

由一容纳浮球的腔体，腔体通过上、下两法兰或其他接口与被测容器连通，这样腔体内的液面与容器内的液面是相同高度的，腔体内的浮球会随着容器内液面的升降而升降；腔体一般是不锈钢的，我们在外面看不到液位。磁翻板（柱）液位计外观及结构如图 7-5 所示。

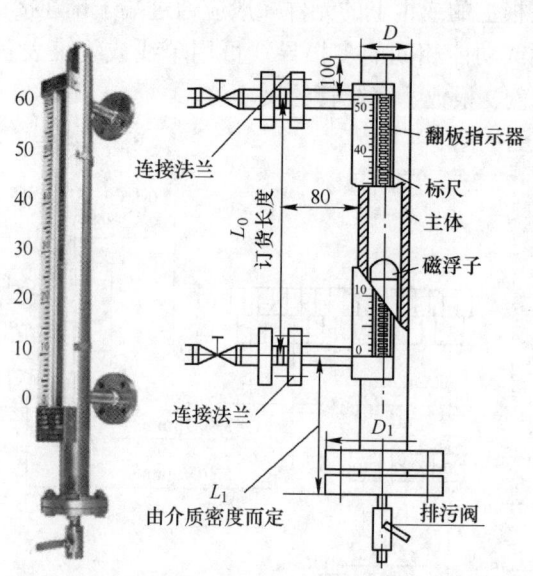

图 7-5　磁翻板（柱）液位计外观及结构（单位 mm）

为了在外面能看到液位，在腔体的外面加装了一个翻柱显示器，翻柱指示器由多个磁翻柱组成，每个翻柱是由红、白两个半圆柱合成的圆柱体，翻柱内放置了一个小磁钢，红、白两面各对应一个磁极，圆柱体中心有一轴，圆柱体可以向上转，也可以向下转；腔体内浮球对应液面处安装了磁钢，这样浮球随着液面上升时，磁性透过外壳传给翻柱，推动对应磁翻柱，浮球向上时推动磁翻柱翻红色，浮球向下推动磁翻柱翻绿色。两色交界处即是液面的高度。翻柱的两色可以根据需要设计。

还可以在腔体外面对应位置加装磁性开关（如干簧管），可以输出液位开关量信号，如连续加装多个磁性开关，则可以构成液位变送器，提供液位 4~20mA模拟量信号供远传显示和控制用。

磁翻板（柱）液位计安装方式可选择侧装和顶装，敞口或密闭容器都可使用，适合用于高温、高压、耐腐蚀等场合，可就地显示和远程控制。

7.5.1.2 超声波液位计

超声波测距的原理是利用超声波在空气中的传播速度为已知，测量声波在发射后遇到障碍物反射回来的时间，根据发射和接收的时间差计算出发射点到障碍物的实际距离。由此可见，超声波测距原理与雷达原理是一样的。

测距的公式表示为：

$$L = CT$$

式中　L——测量的距离长度；

　　　C——超声波在空气中的传播速度（温度 0℃时超声波速度是 332m/s，30℃时是 350m/s）；

　　　T——测量距离传播的时间差（T 为发射到接收时间数值的一半）。

超声波物位计的工作原理是由换能器（探头）发出高频超声波脉冲遇到被测介质表面被反射回来，部分反射回波被同一换能器接收，转换成电信号。超声波脉冲以声波速度传播，从发射到接收到超声波脉冲所需时间间隔与换能器到被测介质表面的距离成正比。此距离值 L 与声速 C 和传输时间 T 之间的关系可以用公式表示：

$$L = C \times T / 2$$

换能器发射超声波脉冲时，都有一定的发射开角。从换能器下缘到被测介质表面之间，由发射的超声波波束所辐射的区域内，不得有障碍物，因此安装时应尽可能避开罐内设施，如：人梯、限位开关、加热设备、支架等。另外，需注意超声波波束不得与加料料流相交。

安装仪表时还要注意：最高料位不得进入测量盲区；仪表距罐壁必须保持一定的距离；仪表的安装尽可能使换能器的发射方向与液面垂直。

7.5.2　压力测量

压力是指均匀垂直地作用在单位面积上的力。

$$P = \frac{F}{S}$$

式中　P——压力;

　　　F——垂直作用力;

　　　S——受力面积。

压力的单位为帕斯卡,简称帕(Pa)。

$$1Pa = 1N/m^2$$

$$1MPa = 1 \times 10^6 Pa$$

各种压力单位换算见表7-1。

表 7-1　各种压力单位换算表

压力单位	帕 Pa	兆帕 MPa	工程大气压 kgf/cm²	物理大气压 atm	汞柱 mmHg	水柱 mH₂O	磅/英寸² 1b/in²	巴 bar
帕	1	1×10^6	1.0197×10^{-5}	9.869×10^{-6}	7.501×10^{-3}	1.0197×10^{-4}	1.450×10^{-4}	1×10^{-5}
兆帕	1×10^6	1	10.197	9.869	7.501×10^3	1.0197×10^2	1.450×10^2	10
工程大气压	9.807×10^4	9.807×10^{-2}	1	0.9678	735.6	10.00	14.22	0.9807
物理大气压	1.0133×10^5	0.10133	1.0332	1	760	10.33	14.70	1.0133
汞柱	1.3332×10^2	1.3332×10^{-4}	1.3595×10^{-3}	1.3158×10^{-3}	1	0.0136	1.934×10^{-2}	1.3332×10^{-3}
水柱	9.806×10^3	9.806×10^{-3}	0.1000	0.09678	73.55	1	1.422	0.09806
磅/英寸²	6.895×10^3	6.895×10^{-3}	0.07031	0.6805	51.71	0.7031	1	0.06895
巴	1×10^5	0.1	1.0197	0.9869	750.1	10.197	14.50	1

在压力测量中，常有表压、绝对压力、负压或真空度之分。各压力之间的关系如图7-6所示。

从图7-6中可以看出：$P_{表压} = P_{绝对压力} - P_{大气压力}$，其他依次类推。

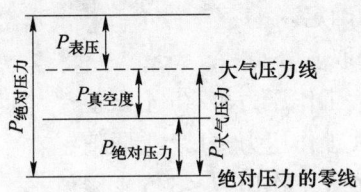

图7-6 绝对压力、表压、负压（真空度）的关系

当被测压力低于大气压力时，一般用负压或真空度来表示。

弹性式压力计是利用各种形式的弹性元件，在被测介质压力的作用下，使弹性元件受压后产生弹性变形的原理而制成的测压仪表。这种仪表具有结构简单、使用可靠、读数清晰、牢固可靠、价格低廉、测量范围宽及有足够的精度等优点。弹性元件是一种简易可靠的测压敏感元件，常用的弹性元件有很多种，如弹簧管式、薄膜式、波纹管式等。其中以弹簧管式最常用，具体结构如图 7-7 所示。

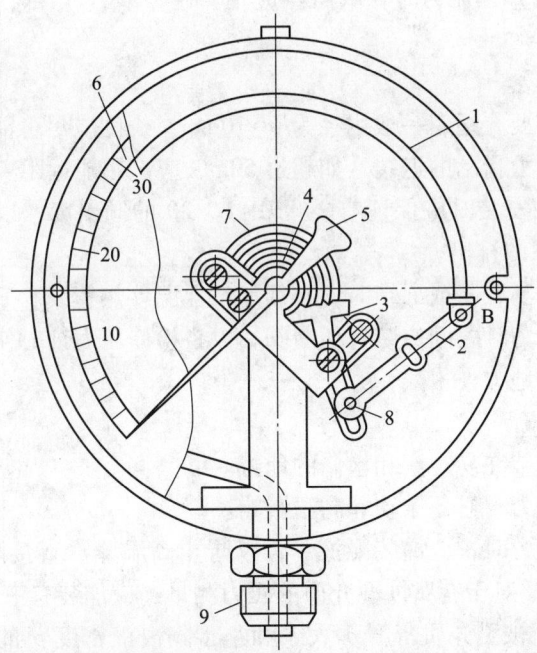

图 7-7 弹簧管压力表机构示意图

1—弹簧管；2—拉杆；3—扇形齿轮；4—中心齿轮；5—指针；

6—面板；7—游丝；8—调整螺钉；9—接头

　　压力计的选用应根据工艺生产过程对压力测量的要求，结合其他各方面的情况，加以全面的考虑和具体的分析，一般考虑以下几个问题。

　　(1) 仪表类型的选用。

　　(2) 仪表测量范围的确定。

　　(3) 仪表精度级的选取。

　　1) 稳定压力时，最大工作压力≤2/3 上限值；

　　2) 脉动压力时，最大工作压力≤1/2 上限值；

　　3) 测量高压力时，最大工作压力≤3/5 上限值；

　　4) 为保证准确度；

　　5) 被测压力最小值≥1/3 满量程。

　　(4) 压力计的安装。

　　1) 测压点的选择应能反映被测压力的真实大小。

　　①要选在被测介质直线流动的管段部分，不要选在管路拐弯、分叉、死角或其他易形成漩涡的地方。

　　②测量流动介质的压力时，应使取压点与流动方向垂直，取压管内端面与生产设备连接处的内壁应保持平齐，不应有凸出物或毛刺。

　　③测量液（气）体压力时，取压点应在管道下（上）部，使导压管内不积存气（液）体。

　　2) 导压管铺设。

　　①导压管粗细要合适，一般内径为6~10mm，长度应尽可能短，最长不得超过50m，以减少压力指示的迟缓。如超过50m，应选用能远距离传送的压力计。

　　②导压管水平安装时应保证有 1∶10~1∶20 的倾斜度，以利于积存于其中之液体（或气体）的排出。

　　③当被测介质易冷凝或冻结时，必须加设保温伴热管线。

　　④取压口到压力计之间应装有切断阀，以备检修压力计时使用。切断阀应装设在靠近取压口的地方。

　　3) 压力计的安装。

　　①压力计应安装在易观察和检修的地方。

　　②安装地点应力求避免振动和高温影响。

　　③测量蒸汽压力时，应加装凝液管，以防止高温蒸汽直接与测压元件接触，如图7-8（a）所示；对于有腐蚀性介质的压力测量，应加装有中性介质的隔离罐，图7-8（b）表示了被测介质密度 ρ_2 大于和小于隔离液密度 ρ_1 的两种情况。压力计安装如图7-8所示。

　　④压力计的连接处，应根据被测压力的高低和介质性质，选择适当的材料，作为密封垫片，以防泄漏。

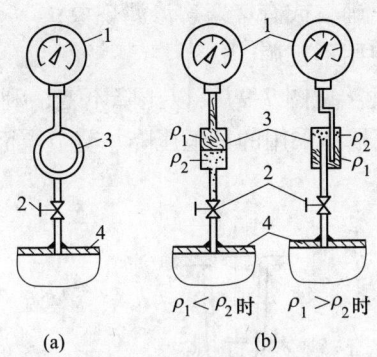

图 7-8　压力计安装示意图
（a）测量蒸汽时；（b）测量有腐蚀性介质时
1—压力计；2—切断阀门；3—凝液管；4—取压容器

⑤当被测压力较小，而压力计与取压口又不在同一高度时，对由此高度而引起的测量误差应按 $\Delta p = \pm H\rho g$ 进行修正。式中，H 为高度差；ρ 为导压管中介质的密度；g 为重力加速度。

⑥为安全起见，测量高压的压力计除选用有通气孔的外，安装时表壳应向墙壁或无人通过之处，以防发生意外。

7.5.3　流量测量

流量大小：单位时间内流过管道某一截面的流体数量的大小，即瞬时流量。

总量：在某一段时间内流过管道的流体流量总和，即瞬时流量在某一段时间内的累计值。

流量计：测量流体流量的仪表。

计量表：测量流体总量的仪表。

速度式流量计：以测量流体在管道内的流速作为测量依据来计算流量的仪表。

容积式流量计：以单位时间内排出流体的固定容积数目作为测量依据来计算流量的仪表。

差压式（也称节流式）流量计：基于流体流动的节流原理，利用流体流经节流装置时产生的压力差而实现流量测量。

在现场实际应用时，往往具有比较大的测量误差，有的甚至高达 10%～20%。误差产生的原因主要有：

（1）被测流体工作状态的变动；

（2）节流装置安装不正确；

（3）孔板入口边缘的磨损；

（4）导压管安装不正确，或有堵塞、渗漏现象；

（5）差压计安装或使用不正确。

转子流量计工作原理（见图7-9）：以压降不变，利用节流面积的变化来测量流量的大小，即转子流量计采用的是恒压降、变节流面积的流量测量方法。

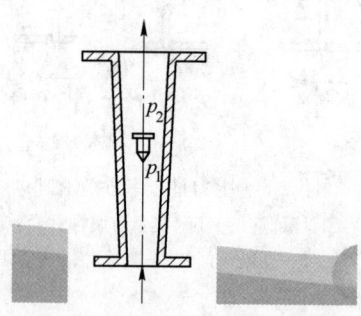

图 7-9　转子流量计的工作原理图

7.5.4　温度测量

温度不能直接测量，只能借助于冷热不同物体之间的热交换以及物体的某些物理性质随冷热程度不同而变化的特性来加以间接测量。

按测量方式可分为接触式与非接触式 。

热电偶温度计是以热电效应为基础的测温仪表。

热电偶温度计由热电偶、测量仪表、连接热电偶和测量仪表的导线三部分组成。

热电偶测温原理如图 7-10 所示。

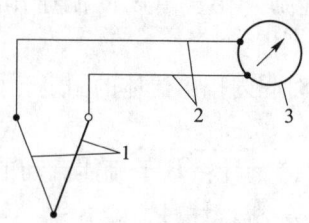

图 7-10　热电偶测温原理图
1—热电偶；2—连接导线；3—测量仪表

如果组成热电偶回路的两种导体材料相同，则无论两接点温度如何，闭合回路的总热电势为零；如果热电偶两接点温度相同，尽管两导体材料不同，闭合回路的总热电势也为零；热电偶产生的热电势除了与两接点处的温度有关外，还与热电极的材料有关。也就是说不同热电极材料制成的热电偶在相同温度下产生的热电势是不同的。

在中低温区，一般是使用热电阻温度计来进行温度的测量较为适宜。热电阻温度计由热电阻（感温元件）、显示仪表（不平衡电桥或平衡电桥）及连接导线组成。

利用金属导体的电阻值随温度变化而变化的特性（电阻温度效应）来进行温度测量。

在 0~650℃ 的温度范围内，铂电阻与温度的关系为：

$$R_t = R_0(1 + At + Bt^2 + Ct^3)$$
$$A = 3.950 \times 10^{-3}/℃$$
$$B = -5.850 \times 10^{-7}/℃$$
$$C = -4.22 \times 10^{-22}/℃$$

金属铜易加工提纯，价格便宜；它的电阻温度系数很大，且电阻与温度呈线性关系；在测温范围为 -50~+150℃ 内，具有很好的稳定性。

在 -50~+150℃ 的范围内，铜电阻与温度的关系是线性的，即：

$$R_t = R_0\left[1 + \alpha(t - t_0) \right]$$
$$\alpha = 4.25 \times 10^{-3}/℃$$

工业上常用的铂电阻有两种：一种是 $R_0 = 1000\Omega$，对应分度号为 Pt1000；另一种是 $R_0 = 100\Omega$，对应分度号为 Pt100。

工业上常用的铜电阻有两种：一种是 $R_0 = 50\Omega$，对应的分度号为 Cu50；另一种是 $R_0 = 100\Omega$，对应的分度号为 Cu100。

7.5.5　电导率

电导式分析仪器：测量第二类导体电导率的仪器。

电导式分析方法：用测量溶液电导来确定电解质溶液中离子的浓度的方法。

（1）特点：灵敏度极高，方法简单。

（2）应用：检测水纯度的理想方法。

电导式分析仪器由电导池（传感器）、变送部分、显示部分组成。其作用分别为：

（1）电导池作用。把被测电解质溶液的电导率转换变易测量的电量。

（2）变送部分作用。把传感器的电阻转换为显示装置所要求的信号形式。

（3）显示部分作用。把传感器检测来的信号用被测参数的数值显示出来。

电导率：两电极板为单位面积，距离为单位长度时溶液的电导。电阻率的倒数，习惯用来表示溶液的导电能力，单位为 S/m。

$$k = 1/\rho = (L/A) \cdot G$$

电导：衡量电解质溶液导电能力的物理量，电阻的倒数，单位为西门子 S（$1S = 1\Omega^{-1}$）。

$$G = 1/R$$

电极常数：

$$K = L/A$$

阳离子电导率：电导率传感器前加装小型离子交换柱除氨后再测得的溶液电导率。

氢电导率：通过阳离子交换树脂除去需要检测的水中的阳离子，此时测得水的电导率就是氢电导率。其作用为：抑制氨对水汽品质检测的影响；因其对水汽品质变化反应灵敏，可准确反映凝汽器泄漏；直接反映水中杂质阴离子的总量。

智能型电导率仪的原理如图 7-11 所示。

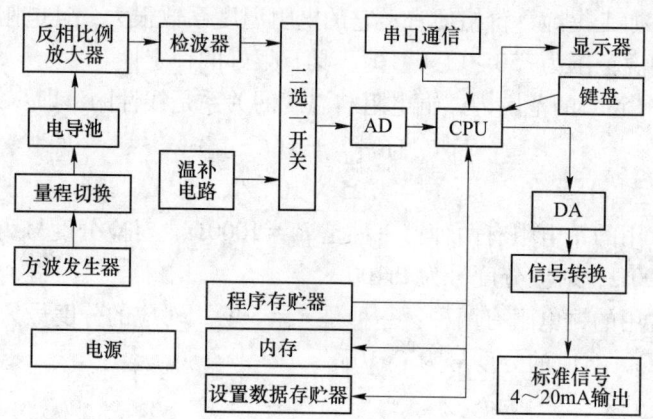

图 7-11　智能型电导率仪的原理框图

7.5.6　电位式分析仪器

电位式分析方法：通过测量电极系统与被测溶液构成的测量电池的电动势，获知被测溶液离子活度的仪器；电厂中常用的电位式分析仪器有 pH 值表和 pNa 值表。原理是将某一种离子转换成毫伏电压。

电位式分析仪器组成部分主要有：

（1）测量电池。把难以直接测量的化学量转换成容易测的电学量（测量电池电动势），由指示电极（离子选择性电极）、参比电极、被测溶液组成。

（2）高阻毫伏表。检测测量电动势的电子仪器。

pNa 值主要的干扰离子有：

（1）氢离子。必须用碱性试剂加以抑制。

（2）钾离子。

1）静态法：用内充液为 0.1mol/L KCl 的甘汞电极做参比电极；

2）动态测定法：将参比电极放在指示电极下游测量。

（3）钠度计的应用。钠度计可监督蒸汽品质，鉴别凝结器的泄漏，监督阳离子交换器的工况。

智能型 pH 值计的原理如图 7-12 所示。

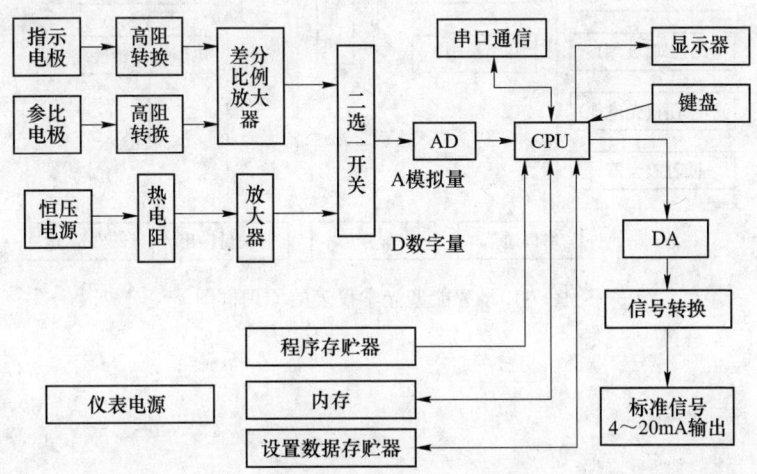

图 7-12　智能型 pH 值计的原理框图

7.5.7　电流式分析仪器

传感器把被分析的物质浓度值转化为对应电流信号，通过测量电流信号来检测物质浓度的仪器，有原电池式、极谱式。

（1）原电池式分类：接触式、复膜式、洗出式。

（2）极谱式分类：扩散型、平衡型。

影响电流式测量精度的主要因素为溶液的流速和温度。

7.5.8　光学式分析仪器

光学式分析仪器：通过被测量的光学特性来得到被测量的含量。在分析仪器中的比重为 30%～40%。

性能指标：用最大透光度 T 和 $T/2$ 两点之间波长差来衡量，差值越大，滤光片质量越差。

选择原则：滤光片的颜色与被测溶液的颜色应为互补色。

污水处理工艺中配置的主要仪表有溶解氧、酸碱度等检测仪表。

智能型光学仪表的原理如图 7-13 所示。

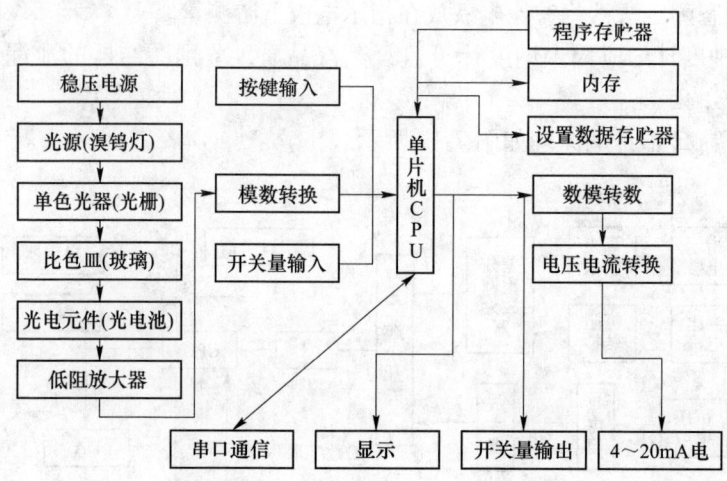

图 7-13　智能型光学仪表的原理框图

8 ◆ 水处理控制软件

8.1 PLC 软件

IO 点分配如下:

(1) 每个气动阀门（均采用双电控方案）：DO(2 点)/DI(2 点)。

DO 开关量输出：开门、关门。

DI 开关量输入：门全开、门全关。

(2) 每个电动门：DO(2 点)/DI(3 点)。

DO 开关量输出：开门、关门。

DI 开关量输入：门全开、门全关、手动/自动。

(3) 每台电动机：DO(2 点)/DI(5 点)/AI(1 点)。

DO 开关量输出：启动、停止。

DI 开关量输入：运转、停止、远控/就地、故障、分/合（MCC 柜的抽屉开关）。

AI 模拟量输入：4~20mA 电流信号对应电动机的工作电流。

(4) 每台电动或气动调节门 AO(1 点)/AI(1 点)。

AO 模拟量输出：4~20mA 电流信号，操作阀门开度。

AI 模拟量输入：4~20mA 电流信号，阀门实际开度。

8.2 上位机组态软件监控及仿真

组态软件，译自英文 SCADA，即 supervisory control and data acquisition（数据采集与监视控制）。它是运行在通用计算机上处理数据采集与过程控制的专用软件，用户可以在组态软件上做组态配置等二次开发，快速构建自动控制系统监视、控制和管理软件平台。

组态软件目前并没有明确的定义，又称"组态式监控软件"。"组态"（configure）的含义是"配置""设定""设置"等意思，是指用户通过类似"搭积木"的简单方式来完成自己所需要的软件功能，而不需要编写复杂计算机程序。"监控"（supervisory control），即"监视和控制"，是指通过计算机信号对自动化设备或过程进行监视、控制和管理。

组态软件通常分为组态版、运行版两种。组态软件按使用点数来计价的，常见的有 64 点、128 点、256 点、1024 点、无限点等，点数越多价格越高。点数指的是工程中涉及的变量，如模拟 I/O 点、数字 I/O 点、累积点、控制点、运算点、自定义点类型，有的软件内部变量计入价格体系中，有的软件不计，如 GE 的 iFix、西门子的 WINCC、国内的力控等只把外部点计入价格体系中，Wonderware 的 Intouch、Rockwell 的 RSView32、国内的亚控等组态计点时是外部变量+内部变量。软件版本、点数一般都在硬件锁中来区分，所谓硬件锁就是通过并口或 USB 口上插一个加密数据存储器。运行版只能运行已组态好的监控系统不能退出编辑组态；组态版包括运行版的功能，还可以新建或修改新的监控工程。

组态软件的应用领域很广，可以应用于电力系统、给水系统、石油、化工等领域的数据采集与监视控制以及过程控制等方面。在电力系统以及电气化铁道上又称为远动系统（RTU system, remote terminal unit）。

组态软件是有专业性的。一种组态软件只能适合某种领域的应用。组态的概念最早出现在工业计算机控制中。如 DCS（集散控制系统）组态、PLC（可编程控制器）梯形图组态。人机界面生成软件就称为工控组态软件。在其他行业也有组态的概念，如 AutoCAD、PhotoShop 等。不同之处在于，工业控制中形成的组态结果是用在实时监控的。从表面上看，组态工具的运行程序就是执行自己特定的任务。工控组态软件也提供了编程手段，内置编译系统，提供 VBA 语言或 C# 高级语言，用以处理用户的个性化要求。

组态软件支持各种主流工控设备和标准通信协议，并且通常应提供分布式数据管理和网络功能。对应于原有的 HMI（人机接口软件，human machine interface）的概念，组态软件还是一个使用户能快速建立自己的 HMI 的软件工具或开发环境。在组态软件出现之前，工控领域的用户通过手工或委托第三方编写 HMI 应用，开发时间长、效率低、可靠性差；或者购买专用的工控系统，通常是封闭的系统，选择余地小，往往不能满足需求，很难与外界进行数据交互，升级和增加功能都受到严重的限制。组态软件的出现使用户可以利用组态软件的功能，构建一套最适合自己的应用系统。随着它的快速发展，实时数据库、实时控制、SCADA、通信及联网、开放数据接口、对 I/O 设备的广泛支持已经成为它的主要内容，监控组态软件将会不断被赋予新的内容。

8.2.1 国外进口品牌组态软件

8.2.1.1 InTouch

Wonderware（万维公司）是英国 Invensys plc 的一个子公司，创建于 1987 年 4 月，开发基于 IBM PC 及其兼容计算机的、应用于工业及过程自动化领域的人机界面（HMI）软件。

公司缔造者的目标是建立一个基于 Microsoft Windows 平台的、面向对象的图形工具，提供易于使用、具有强大动画功能和卓越性能及可靠性的前所未有的人机界面软件。作为把 Windows 操作系统引入工业自动化领域的先驱，Wonderware 从根本上改变了制造业用户开发应用程序的方法。

Wonderware 的 InTouch 软件是最早进入我国的组态软件。在 20 世纪 80 年代末、90 年代初，基于 Windows3.1 的 InTouch 软件曾让我们耳目一新，并且 InTouch 提供了丰富的图库。

8.2.1.2 iFix

GE Fanuc 智能设备公司由美国通用电气公司（GE）和日本 Fanuc 公司合资组建，提供自动化硬件和软件解决方案，帮助用户降低成本，提高效率并增强其盈利能力。

Intellution 公司以 Fix 组态软件起家，1995 年被爱默生收购，现在是爱默生集团的全资子公司，Fix6.x 软件提供工控人员熟悉的概念和操作界面，并提供完备的驱动程序（需单独购买）。20 世纪 90 年代末，Intellution 公司重新开发内核，并将重新开发新的产品系列命名为 iFiX。在 iFiX 中，Intellution 提供了强大的组态功能，将 FIX 原有的 Script 语言改为 VBA（Visual Basic for application），并且在内部集成了微软的 VBA 开发环境。为了解决兼容问题，iFIX 里面提供了程序称为 FIX Desktop，可以直接在 FIX Desktop 中运行 FIX 程序。Intellution 的产品与 Microsoft 的操作系统、网络进行了紧密的集成。Intellution 也是 OPC（OLE for process control）组织的发起成员之一。iFiX 的 OPC 组件和驱动程序同样需要单独购买。

2002 年，GE Fanuc 公司又从爱默生集团手中，将 Intellution 公司收购。

2009 年 12 月 11 日，通用电气公司（纽约证券交易所：GE）和 FANUC 公司宣布，两家公司完成了 GE Fanuc 自动化公司合资公司的解散协议。根据该协议，合资公司业务将按照其起初来源和比例各自归还给其母公司，该协议并使股东双方得以将重点放在其各自现有业务，谋求在其各自专长的核心业内的发展。目前，iFIX 等原 intellution 公司产品均归 GE 智能平台（GE-IP）。

8.2.1.3　WinCC

西门子自动化与驱动集团（A&D）是西门子股份公司中最大的集团之一，是西门子工业领域的重要组成部分。

Siemens 的 WinCC 也是一套完备的组态开发环境，Simens 提供类 C 语言的脚本，包括一个调试环境。WinCC 内嵌 OPC 支持，并可对分布式系统进行组态。但 WinCC 的结构较复杂，用户最好经过 Siemens 的培训以掌握 WinCC 的应用。

8.2.2　组态王使用与操作说明

组态王 KingView 由北京亚控科技发展有限公司开发，该公司成立于 1997 年，目前在国产软件市场中占据着一定地位。软件界面类似于 InTouch。

8.2.3　MCGS 使用与操作说明

MCGS 由北京昆仑通态自动化软件科技有限公司开发，市场上主要是搭配硬件销售，其主要特点如下：

（1）操作界面简洁。让人们在设计一些复杂的画面时也能准确地找到需要的项目栏。

（2）丰富、生动的多媒体画面。MCGS 的绘图工具箱具有许多元件，这些元件能满足大部分用户对构建画面的需求。如果需要的设备元件在图库中没有，也可以通过工具箱中的直线曲线和常用符号进行自己的创作，自己创作的图像可以加入元件库中，方便今后自己的重复使用。可以通过动画组态属性来设置各种动画效果，比如更改图像的颜色，让图像进行各种轨迹的移动以及图像的大小变化。

（3）完善的安全机制。MCGS 有着良好的安全机制，可以设置多种操作权限，对于不同的人设置不同的身份可以避免发生错误的操作。

（4）方便控制复杂的运行流程。通过 MCGS 的"运行策略"窗口，可以设定循环策略属性的循环方式，可以通过策略条件行属性的条件设置来完成复杂的跳变程序，通过这些功能与脚本程序相结合进行编制自己想要实现的功能的程序。

MCGS 组态软件制作的混床监控与仿真如图 8-1 所示。

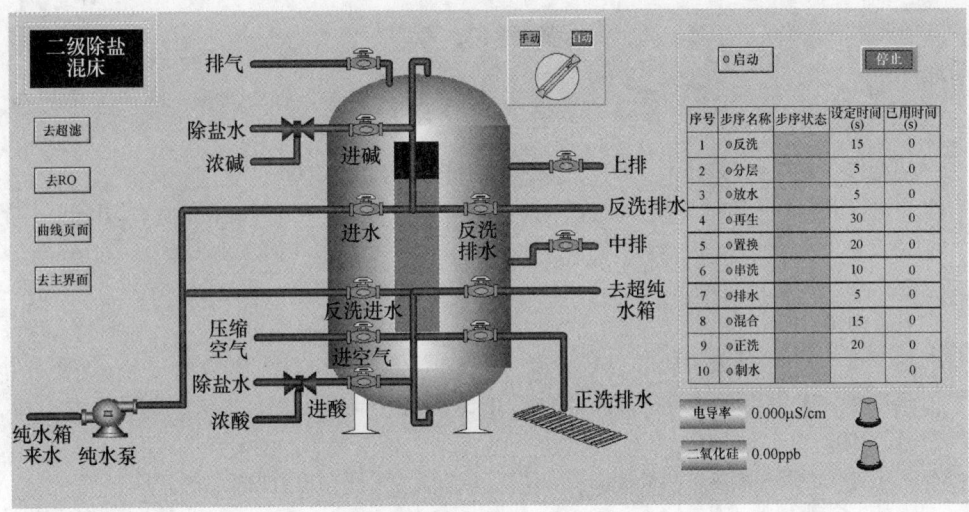

图 8-1　MCGS 组态软件制作的混床监控与仿真

参 考 文 献

[1] 丁恒如，吴春华，龚云峰．工业用水处理工程［M］.2 版．北京：清华大学出版社，2014.

[2] 周柏青．全膜水处理技术［M］.北京：中国电力出版社，2006.

[3] 王湛，王志，高学理．膜分离技术基础［M］.3 版．北京：化学工业出版社，2019.

[4] 靖大为，席燕林．反渗透系统优化设计与运行［M］.北京：化学工业出版社，2016.

[5] 王永华．现代电气控制及 PLC 应用技术［M］.6 版．北京：北京航空航天大学出版社，2020.

[6] 厉玉鸣．化工仪表及自动化［M］.6 版．北京：化学工业出版社，2019.

[7] 承慰才，王中甲，孙墨杰，等．电厂化学仪表［M］.2 版．北京：中国电力出版社，2009.

[8] 朱小良，方可人．热工测量及仪表［M］.3 版．北京：中国电力出版社，2011.